Biblioteca di Cultura Moderna
933

Prima edizione 1986

Maurizio Mamiani

# IL PRISMA DI NEWTON

## I meccanismi dell'invenzione scientifica

Laterza

Finito di stampare nell'aprile 1986
nello stabilimento d'arti grafiche Gius. Laterza & Figli, Bari
CL 20-2733-X
ISBN 88-420-2733-2

*a mio figlio Luca*
*anche se ancóra*
*non sa leggere*

# INTRODUZIONE

> Nature and nature's laws lay hid in night:
> God said Let Newton be! And all was light.
>
> A. POPE

> Cos'era quello che non sapevamo prima della scoperta? Non c'era nulla che non sapessimo (*wußten*), bensì qualche cosa che non conoscevamo (*kannten*).
>
> L. WITTGENSTEIN

1. Come nasce una teoria scientifica? Come avvengono i mutamenti teorici? Una teoria o una legge sono le forme comunemente assunte dai processi conoscitivi di molteplici discipline scientifiche e filosofiche, e si ritiene che esse siano l'effetto di una scoperta o di un'invenzione [1]. Ma è possibile cogliere una ' logica ' dell'invenzione e studiarne i processi concreti in vista di una maggiore comprensione dell'attività conoscitiva dell'uomo? Lo studio dei processi conoscitivi delle scienze, pur non esaurendo l'ambito delle attività conoscitive in cui hanno luogo invenzioni o scoperte, sembra il più idoneo per rispondere a queste domande, o almeno per tentare di farlo. Questa idoneità deriva in parte dal ruolo preminente che le conoscenze scientifiche hanno nel mondo contemporaneo, ma anche, e forse soprattutto, dalla constatazione che le discipline scientifiche generano in tempi relativamente brevi il maggior numero di invenzioni o scoperte, spesso contagiando altre aree del sapere. Anche questo fatto richiederebbe una spiegazione, ammesso che esso indichi la rilevanza particolare che ha l'invenzione per ogni disciplina scientifica.

In qualunque modo si voglia rispondere alle domande iniziali, per tacito accordo si ammette una corrispondenza tra l'invenzione, da una parte, e il mutamento teorico, dall'altra. Se questa corrispondenza ha un senso, allora l'impossibilità di dar conto dell'attività del pensiero inventivo porta di conseguenza alla rinuncia a rispondere a quest'altre domande:

come cresce la conoscenza? Quali sono i modi del progresso conoscitivo?

L'interesse per la problematica dell'invenzione o della scoperta accomuna oggi epistemologi di diverse tendenze e storici del pensiero, che tradizionalmente riconoscono come loro oggetto di indagine la genesi delle idee [2].

La nota distinzione, risalente a Reichenbach, tra contesto della scoperta e contesto della giustificazione ha segnato fino ad ora una netta separazione tra le ricerche degli epistemologi, interessati alle procedure logiche della giustificazione, e quelle degli storici, rivolte alla ricostruzione dei processi di scoperta.

Nello studio che segue propongo e assumo questa affermazione:

il modo in cui viene giustificata una teoria scientifica è dipendente dal processo che ha portato a concepirla.

La giustificazione dipende dalla scoperta nel senso che quest'ultima rende operanti, in una data situazione culturale, certe connessioni logiche tra i fatti e la teoria che costituiranno in seguito gli elementi del processo giustificativo. Queste connessioni logiche, siano esse induzioni o deduzioni o qualunque altro tipo di inferenza, restano inoperanti, cioè inefficaci, senza quella particolare combinatoria di fatti e ipotesi che conduce storicamente alla scoperta.

Naturalmente nel processo di elaborazione di una teoria esistono fattori che entrano in gioco solo in alcuni stadi di esso, e che possono scomparire nello stadio finale, nel quale è più evidente lo sforzo di una coerente giustificazione logica e metodologica. Se ammettiamo due differenti e ben distinti contesti, uno per la fase della scoperta e l'altro per quella della giustificazione, assumiamo un atteggiamento pregiudiziale che ci impedisce di valutare ogni evidenza che possa connettere la scoperta alla giustificazione. Infatti contesto significa proprio connessione e due contesti non potranno mai interagire rimanendo distinti.

Questo atteggiamento pregiudiziale porta a conclusioni apparentemente paradossali, e non stupisce, ad esempio, che, del tutto conseguentemente, Hattiangadi si accorga, una volta ammessa la distinzione, dell'evanescenza del contesto della scoperta rispetto a quello della giustificazione [3]. Un altro paradosso può nascere dalla confusione tra contesto e *back-*

*ground*: ogni scoperta avviene all'interno di un contesto, cioè di un insieme finito di fattori, e non all'interno di un *background* indefinito, cioè tale che occorra proiettare ogni *background* su un altro *background*, e così via. Inoltre, all'interno di un contesto agiscono alcuni fattori che, più di altri, hanno un potere « attrattore », agendo come poli di aggregazione dei dati offerti dall'esperienza o dalla tradizione intellettuale e di orientamento per la ricerca: tali sono i temi, ampiamente utilizzati nelle sue analisi da Holton [4]; tali le convinzioni ribadite da un atteggiamento polemico costante (una sorta di anti temi) e tutte quelle forme di coerenza quasi razionale con cui ognuno difende le proprie scelte (comprese quelle religiose e politiche). Anche in questi casi può essere utile, programmaticamente, ricorrere a un principio di economia: non utilizzare più fattori di quelli necessari per comprendere la genesi, lo sviluppo e l'assetto finale di una teoria scientifica data.

Comprendere il processo che conduce a una teoria scientifica, tuttavia, non significa individuare i fattori necessari e sufficienti per produrla, giacché nessun fattore contestuale è di per sé tale: significa, come per ogni fenomeno storico, riferirsi alla possibilità del suo darsi, cioè, nel nostro caso, alla possibilità che una nuova teoria sia pensata. E poiché lo storico indaga su ciò che si è effettivamente dato ossia su ciò che è stato effettivamente pensato, indicarne le condizioni di possibilità equivale a rendere intellegibile l'operare concreto del pensiero. Ma le condizioni di possibilità di un evento complesso come un'invenzione scientifica sono in numero tanto elevato (anche se non indefinito) che occorre operare delle scelte. Quella che sembra imporsi come la più importante è l'indicazione del ruolo svolto dalle tradizioni intellettuali nel rendere possibili alcune soluzioni a certi problemi a preferenza di altre. Così una scoperta si rivela essere spesso una soluzione nuova a un problema già risolto, che è come dire la soluzione di un *nuovo* problema. Forse è meno interessante chiedersi perché una scoperta sia possibile in un momento dato piuttosto che perché non lo sia stata prima. In quest'ultimo caso, infatti, se si abbandona definitivamente l'incerta nozione di precorrimento che fa sempre capo a improbabili e inutili « precursori », è più facile individuare in negativo le condizioni di possibilità delle innovazioni. Forse i risultati sarebbero gli stessi in entrambi i casi: ma l'approccio, per così dire, negativo, ci toglie subito l'illusione di poter afferrare al di fuori della dimensione temporale come il nuovo possa nascere dal vecchio e l'ignoto dal noto.

D'altra parte, sembra che gli storici non riescano mai a raggiungere nelle loro ricerche un grado sufficiente di generalità. Legati a procedure puramente descrittive, potrebbero soltanto, nel migliore dei casi, illustrare *come* è nata una data teoria, è avvenuta una certa scoperta, è mutata una determinata idea. Si tratterebbe, in altre parole, della ricostruzione *de facto* dei processi di scoperta, che non inciderebbe *de iure* sulle loro caratteristiche. Questa obiezione ripropone soltanto, in realtà, la distinzione, già discussa, tra contesto della scoperta e contesto della giustificazione. Alla radice dell'una e dell'altra, posso vedere soltanto un crudo pregiudizio essenzialistico, che attribuisce alla scienza un carattere che essa non ha mai: l'invarianza. Al proposito valgono ancora le osservazioni avanzate da Berkeley contro le idee astratte — e che cosa può essere più astratto di una scienza ridotta all'unico livello della giustificazione, cioè a una razionalità astorica? L'ansia o l'ossessione della demarcazione scaturiscono dalla sterile contrapposizione tra il *quid iuris* e il *quid facti*, tra la logica formale e quella situazionale, tra la struttura e il contenuto, tra l'essenza permanente e lo sviluppo storico, le cui complesse interazioni costituiscono al contrario la concretezza e la corposità di ogni processo conoscitivo.

Il disinteresse dell'epistemologia positivistica per il cosiddetto contesto della scoperta si è curiosamente sommato con l'idea romantica che l'invenzione, e in genere ogni atto altamente creativo, siano un misterioso dono della divinità, un miracolo. Molti epistemologi positivisti non si sono allontanati sensibilmente da questa idea quando affermano che l'invenzione non è discorsiva e perciò risulta inanalizzabile: essa sarebbe un episodio mentale momentaneo, una esperienza « aha »[5].

Ridotta a questione di fatto e confinata alla dimensione del *case study*, l'invenzione diviene irrilevante per comprendere lo *status* del pensiero scientifico. Certamente ogni *case study* soffre di inevitabili limitazioni di tempo e di luogo; per di più, anche se divenisse in qualche modo paradigmatico, difficilmente potrebbe sembrare più utile di una buona metafora. Ovviamente, nessun *case study* è generalizzabile *simpliciter*, giacché la generalizzazione prescinde proprio dalle circostanze di tempo e di luogo. Questo non significa, tuttavia, che il processo di invenzione sia irrazionale perché circostanziato. Allora, è vero che l'invenzione non è analizzabile o piuttosto essa appare tale perché si vuole prescindere dalle circostanze di tempo e di luogo?

In questo libro mi propongo di analizzare la genesi della teoria dei colori di Newton, cioè di un caso specifico e ben circostanziato nella storia del pensiero scientifico. Nello stesso tempo, senza far riferimento esclusivo a ciò che rende il caso di Newton unico e irripetibile, tenterò di porre in rilievo i problemi che riguardano la scoperta *per sé*, rispetto ai quali il caso di Newton indica alcune soluzioni possibili.

Riprendendo un esempio berkeleyano, se, per risolvere il problema della divisione a metà di una certa linea, non è certamente necessario optare per un segmento di una certa lunghezza piuttosto che di un'altra, e tuttavia non si può fare a meno che il segmento scelto abbia una lunghezza determinata, così anche l'impostazione — e forse la soluzione — di un problema epistemologico come quello della scoperta non può essere data efficacemente senza il riferimento a una scoperta determinata. È infatti proprio una scoperta determinata che contiene in sé tutti gli elementi necessari per impostare un problema epistemologico, anche se non quelli sufficienti per risolverlo.

Così non si deve confondere la discrezionalità nella scelta di un *case study* con la sua pretesa irrilevanza ai fini della comprensione dei problemi epistemologici. Ciò vale a dire che un *case study* non ha solamente una funzione esemplificativa, ma consente, a certe condizioni di ricostruibilità storica, di impostare problemi epistemologici in modo non astratto, senza pretendere che il *case study* sia una conferma (o peggio una falsificazione) delle soluzioni avanzate, ma solo l'occasione concreta della loro proposta. In tal modo, tuttavia, si potrà abbandonare il facile costume di cercare nella storia della scienza esempi *ad hoc* che accreditino o discreditino teorie epistemologiche senza alcun vincolo storico-critico.

Privilegiare l'aspetto inventivo della conoscenza scientifica, che è connesso a condizioni *de facto* e non solo *de iure*, può sembrare una mossa per eludere la domanda « che cos'è la scienza? ». La mancata risposta a questa domanda introdurrebbe un elemento destabilizzante nella conoscenza che porterebbe a forme più o meno accentuate di relativismo. Il timore del relativismo, così, ha sempre impedito di riconoscere la storicità dello sviluppo della razionalità scientifica, che pregiudizialmente si è voluta intendere come a-temporale o meta-temporale. La solitudine dell'irreale, di cui parlava Bacone [6], rischia di investire e raggelare una scienza così concepita.

D'altra parte, il riconoscimento che nella scienza è presente una razionalità storica, non conduce necessariamente al relativismo né tanto meno all'irrazionalismo, come ha mostrato recentemente M. Pera [7]. Se è vero che la conoscenza, e la scienza in quanto « filosofia naturale », non risiede soltanto nella scoperta di nuovi fatti, ma anche in quella di nuovi modi di pensare su di essi [8], i risultati di questi modi del pensiero (le teorie *e* le osservazioni) non sono certo finzioni arbitrarie, ma legami operanti con un mondo che viene svelato. Che questo legame non produca ciò che molti ritengono un attributo indispensabile della scienza, cioè la certezza incontrovertibile, mi pare probabile; ma è assai credibile che esso produca ciò che comunemente si chiama verità.

2. È forse utile indicare, in anticipo, le proposte epistemologiche, riguardanti il problema della scoperta, che la ricostruzione storica della genesi della teoria dei colori di Newton ha permesso di avanzare.

La tesi centrale, cui si è già accennato, di questo saggio è la seguente: il contesto della scoperta fornisce gli elementi concettuali, cioè i contenuti specifici pertinenti, e i princìpi teorici mediante i quali la scoperta stessa viene giustificata nel suo assetto finale. In altre parole, il processo della scoperta che avviene *de facto* si traduce senza soluzione di continuità nel processo di giustificazione che, anche se non rispetta l'ordine del precedente, viene inteso *de iure* e tende a mantenere gli stessi elementi e princìpi del processo fattuale. La giustificazione, in altre parole, non fornisce possibilità di controllo, dopo la scoperta, dotate di valore superiore agli argomenti introdotti nella fase dell'invenzione. Le previsioni di controllo non differiscono da quelle che hanno condotto alla nuova teoria, anzi risultano pertinenti solo all'interno di quest'ultima. La previsione di dati nuovi aumenta certamente il valore scientifico di una teoria, ma la plausibilità di questi dati dipende da quelli che hanno condotto alla teoria. Così, la previsione da parte di Newton della ricomposizione del bianco mediante una mescolanza eterogenea di colori prismatici ha valore di controllo solo perché, all'interno del contesto della scoperta, era risultato plausibile che i colori prismatici derivassero da una scomposizione della luce bianca. In un altro contesto giustificativo, l'esperimento di ricomposizione del bianco avrebbe acquisito un significato diverso e come tale sarebbe stato giustificato.

Di conseguenza, una scoperta scientifica, sia nella sua fase iniziale che finale, implica sempre un mutamento, più o meno accentuato, del contesto di giustificazione ammesso e considerato legittimo dai cultori di una disciplina scientifica. L'inferenza che conduce alla scoperta è dunque legata in modo rilevante a mutamenti introdotti nel contesto di giustificazione precedente l'innovazione teorica. Questi mutamenti avvengono per molteplici motivi, tra i quali i più efficaci sembrano dipendere: a) da « salti » di tradizione; b) da elementi « attrattori », come la fedeltà a un certo tema o l'adesione a un certo orientamento filosofico ecc.

Nel capitolo primo si mostra che l'opposizione tra spiegazione ipotetica e prova sperimentale e razionale, che compare nell'*Opticks* come giustificazione generale dell'opera di Newton, ha origine nel contesto della scoperta e risale all'opposizione tra la tradizione fisica e quella della storia naturale. Inoltre si sottolinea che l'orientamento realistico di Boyle costituisce un tema centrale della scoperta di Newton.

La scoperta appare come un processo razionale condotto su elementi empirici e concettuali per gran parte già noti e giustificati nel contesto che viene mutato. La scoperta, insomma, diventa tale soltanto all'interno di un diverso contesto teorico che la rende possibile e la giustifica al momento stesso. Il cambiamento del contesto teorico (delle assunzioni, ossia delle teorie interpretative) avviene in seguito a una diversa combinazione dei dati empirici e concettuali che consente la formulazione di un'ipotesi emergente compatibile con il nuovo assetto dei dati. La formulazione di questa ipotesi è una inferenza che può essere situata all'interno di un processo logico, ricostruibile anche formalmente, che risultava tuttavia inoperante prima della scoperta e che non ha esercitato, in quanto tale e rispetto ad essa, alcuna funzione euristica.

Nel capitolo secondo si mostra che Newton procede verso la scoperta mediante una combinatoria delle proposte scientifiche e delle scelte metodologiche di Descartes e Boyle. Gli elementi concettuali della scoperta di Newton erano già presenti negli esperimenti e negli scritti di Descartes e di Boyle, ma occorreva combinarli proponendo un assunto in grado di renderli reciprocamente compatibili secondo la tradizione sperimentale e l'orientamento realistico abbracciati da Newton. L'introduzione di nuovi dati nella fase della scoperta risulta certamente significativa, ma non nel senso che comunemente si suppone, che cioè essi rappresentino l'unico valore epistemico della teoria. Così un esperimento cruciale è possibile solo quando il nuovo contesto teorico è già stato introdotto. Prima di allora anche gli esperimenti e le previsioni hanno solo valore indiziario, elevano cioè il grado di compatibilità dei dati. Ad esempio, la constatazione fattuale della diversa rifrangibilità dei raggi colorati, raggiunta assai presto da Newton come conseguenza dei nuovi assunti introdotti, acquisterà un diverso peso teorico nella fase della giustificazione, ma il suo valore scientifico varia notevolmente rispetto all'uso che ne viene fatto. Come *experimentum crucis* nella fase della giustificazione essa risulta un'aggiunta di debole valore conoscitivo, nonostante l'elevato potere probatorio, perché conseguente alla nuova teoria, mentre nella fase della scoperta essa costituisce un indizio di alto valore conoscitivo, nonostante il basso potere probatorio, perché rafforza l'ipotesi emergente. Così, la constatazione della diversa rifrangibilità dei raggi colorati era di per sé, in quanto fatto, priva di valore conoscitivo, potendo essere giustificata anche all'interno del contesto teorico ammesso, ma ne acquista uno elevato quando costituisce un indizio che si somma a una nuova combinatoria dei dati verso un altro contesto teorico.

Alcuni di questi indizi, presenti nella fase della scoperta e fortemente attivi, possono in seguito essere abbandonati perché non giustificabili all'interno della teoria raggiunta. È certamente questo il caso delle ricerche fisiologiche di Newton sulla percezione dei colori, e delle sue primissime ipotesi meccaniche. Se nel contesto della giustificazione troviamo sempre elementi del contesto della scoperta, non è vero il contrario, cioè, non tutti gli elementi del contesto della scoperta rientrano in quello della giustificazione. Ne segue che il contesto della scoperta è sempre più ricco (soprattutto nella sua base indiziaria) del contesto della giustificazione senza che ciò si possa tradurre in una demarcazione logica.

Per quanto riguarda la scoperta propriamente detta, ricostruita nel terzo capitolo, si può distinguere un processo logico da un processo storico della scoperta. Poiché la scoperta è un'inferenza, essa può essere sempre inscritta in uno schema logico di qualche tipo (principalmente deduttivo o induttivo). Il processo storico della scoperta non si limita a specificare i contenuti di tale schema, ma a renderlo operante sulla base di princìpi contestuali (le tradizioni, i temi ecc. da cui emergono gli assunti, i postulati ecc.) che costituiscono la condizione per l'attuazione dell'inferenza. In parole diverse, lo schema logico della scoperta è una matrice vuota, che viene, di volta in volta, e non necessariamente nell'ordine dell'inferenza, reso operante in base a princìpi teorici e interpretativi. Ne consegue che l'inferenza diventa significativa, o conclusiva, solo all'interno del contesto teorico e interpretativo che ha consentito di attuarla. La logica della scoperta è dunque la stessa logica della giustificazione, con la differenza che la prima dipende da princìpi contestuali, storici e fattuali, mentre la seconda tende a liberarsene, occultandoli.

Il cambiamento del contesto teorico e interpretativo che consente una scoperta scientifica si trova generalmente in opposizione ad altri princìpi teorici e interpretativi, che costituivano a loro volta il contesto di giustificazione delle inferenze scientifiche precedentemente consentite. Quando la scoperta è importante, e il cambiamento del contesto teorico molto grande, essa rischia di non essere riconosciuta come tale e di apparire del tutto superflua. Tutto ciò può generare una polarità nell'interpretazione teorica dei fatti che non può essere risolta né per via logica né mediante esperimenti cruciali. Nelle opposte posizioni teoriche di Newton e Hooke, esaminate nel capitolo finale, si vedono gli effetti di un « salto » di tradizione intellettuale. Teorie così contrapposte non sono, tuttavia, incommensurabili prima della fase finale della giustificazione, al punto che possono condividere e mutuare l'una dall'altra numerosi elementi concettuali. L'effetto di polarizzazione delle teorie è, in realtà, una conseguenza del mutamento dei criteri di giustificazione prodottosi all'interno del contesto della scoperta e quindi dipende, in ultima analisi, da quegli stessi princìpi contestuali che hanno condotto all'innovazione teorica. Questo effetto rappresenta la più chiara conferma che il contesto della giustificazione dipende in modo rilevante, *de facto* e *de iure*, da quello della scoperta.

M. M.

Ringrazio Marcello Pera per aver letto il dattiloscritto di questo saggio e per gli utili suggerimenti che, se avessi potuto seguirli per intero, avrebbero certamente reso migliore questo libro.

Le trascrizioni e le traduzioni dei MSS newtoniani, nonché le riproduzioni dei disegni originali di Newton, sono state utilizzate « by permission of the Syndics of Cambridge University Library ».

# IL PRISMA DI NEWTON
## I MECCANISMI DELL'INVENZIONE SCIENTIFICA

Capitolo primo

# FAVOLE, RAGIONI ED ESPERIMENTI

## 1. *Spiegazioni e prove*

All'inizio dell'*Opticks* (1704) Newton dichiara di non volere spiegare le proprietà della luce con delle ipotesi, bensì di proporle e di provarle con la ragione e con gli esperimenti [1]. Come osserva il Thackray, già la prima frase di quest'opera ne indica la natura apertamente empirica [2]. Se è vero che questa fu anche l'opinione generale dei contemporanei, tanto che persino un cartesiano come Fontenelle riconobbe il vantaggio offerto dall'*Opticks* come modello di filosofia sperimentale [3], tale giudizio è nondimeno fuorviante. L'*Opticks* è un'opera composita, che riflette un lungo travaglio di ricerca sperimentale e teorica, nonché metodologica. Il risultato finale poteva apparire appianato da ogni difficoltà, ma le scoperte che l'*Opticks* conteneva non erano state ottenute in modo così apertamente empirico qual era indicato. È certo, tuttavia, che Newton intese giustificare empiricamente le sue proposizioni, anche se l'ordine geometrico in cui sono inserite è tutt'altro che irrilevante per la comprensione della metodologia newtoniana [4].

Le parole con cui inizia l'*Opticks* non sono, comunque, solo una dichiarazione di fede sperimentale, ma contengono un implicito riferimento polemico a Descartes e alla filosofia meccanica. Si tratta di due facce della stessa medaglia. L'avversione di Newton per le ipotesi è divenuta famosa, e il complesso *iter* concettuale che l'ha determinato è stato in gran parte ricostruito [5]. Alla sua radice possiamo intravedere l'atteggiamento scetticheggiante di un Boyle o di un Barrow; e tuttavia il rifiuto delle ipotesi da parte di Newton ha un contorno più frastagliato. In buona parte esso incorpora in sé un pervicace anticartesianesimo, al punto che ne rappresenta spesso una sorta di maschera: Newton, disapprovando l'uso delle ipotesi, intende disapprovare anche (e soprattutto) l'uso fattone da Descartes [6].

Le parole iniziali dell'*Opticks* hanno un riscontro con un passo del MS Add. 4002, databile tra il 1670 e il 1672, che conserva probabilmente il testo delle lezioni di ottica tenute a Cambridge da Newton in qualità di professore lucasiano [7].

Il secondo paragrafo del manoscritto in questione enuncia il nucleo della scoperta newtoniana:

Della luce ho dunque scoperto che i suoi raggi, riguardo alla quantità di rifrazione, differiscono l'un l'altro: tra tutti quelli che hanno lo stesso angolo di incidenza, alcuni avranno un angolo di rifrazione alquanto maggiore, altri minore. Per più chiarezza, sia EFG [v. fig.] una qualunque superficie rifrangente, ad esempio di vetro; e si tracci una linea qualsiasi OF che cada in F, e che

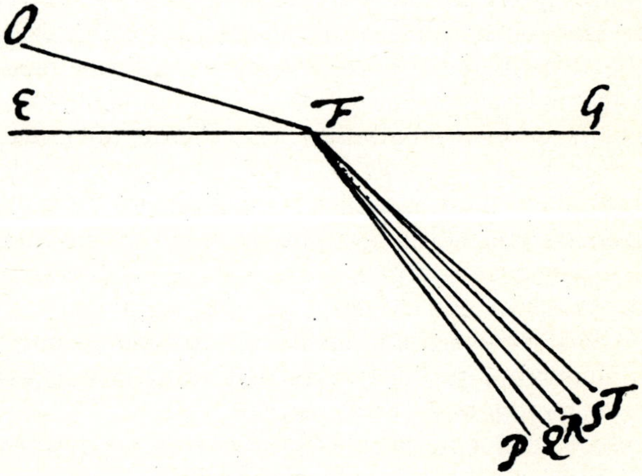


formi con essa un angolo OFE acuto: pensa anche che i raggi solari fluiscano per questa linea OF immediatamente successivi a se stessi, cosicché gli uni dopo gli altri urtino nel punto F, e qui appunto siano rifratti nel mezzo più denso [8]. Ora, secondo l'opinione ammessa, questi raggi, che hanno la medesima incidenza, devono anche avere tutti la medesima rifrazione, ad esempio lungo la linea FR. Ma ho scoperto il contrario; ossia che, dopo che sono rifratti, divergono l'un l'altro; come se alcuni fossero rifratti lungo la linea FP, altri lungo la linea FQ, e altri lungo le linee FR, FS e FT; e anche altri innumerevoli attraverso gli spazi a questi intermedi, in modo che gli uni e gli altri si disperdono di qua e di là; quasi che un qualsiasi raggio fosse atto a subire una rifrazione maggiore o minore. Trovo inoltre che i raggi FP, i più rifratti, producono colori purpurei, e quelli FT, i meno rifratti, colori rossi; quelli poi che, intermedi a questi, si avviano per FQ, FR, FS, generano colori intermedi, cioè azzurri, verdi e gialli. E così i raggi, in quanto alcuni sono atti ad essere sempre più rifratti di altri, generano nell'ordine questi colori, rosso, giallo, verde, azzurro e purpureo, insieme a tutti quelli intermedi, che è possibile osservare nell'Iride [9].

Per sottolineare l'eterogeneità di questa scoperta rispetto alle « favole » introdotte da Descartes nella fisica, Newton così inizia il paragrafo successivo: « Spiegata così in generale la mia opinione su questo argomento, affinché non riteniate che siano state raccontate *favole* in luogo di *cose vere*, proporrò di seguito *ragioni ed esperimenti* da cui queste cose sono sostenute » [10].

Mentre nell'*Opticks* Newton si limita a porre in alternativa le ragioni e gli esperimenti alle ipotesi, lasciando sottinteso il diverso valore conoscitivo delle prove rispetto alle spiegazioni [11], in questa prima lezione del gennaio 1670 la sua posizione è più esplicita. Le « favole » non vanno confuse con le « cose vere ». Spiegare, cioè far comprendere, è ben diverso dal provare. Una cosa la verità, un'altra la verosimiglianza. Proprio perché si appiglia al « vero », Newton intende provare, cioè fondare le sue affermazioni su « ragioni ed esperimenti ». Anche la spiegazione, comunque, può esser data senza ricorrere a favole. Come si è visto, il nucleo della scoperta newtoniana è stato esposto mediante un modello geometrico (la fig. a p. 4) non rappresenta affatto un esperimento, ma è un costrutto!) che ha una chiara funzione esplicativa generalizzata (« Spiegata così *in generale* la mia opinione [...] ») nei confronti dell'esperienza. Si tratta di una costruzione matematica che è certamente ipotetica e altrettanto certamente agevole da concepire, ma non ha il carattere dell'occasionalità. Non c'è alcun dubbio che questo modello sia matematico e ipotetico insieme, se consideriamo le espressioni usate da Newton: il « come se (*quasi*) » riferito ai raggi, e l'intera serie di espressioni caratteristiche delle costruzioni geometriche: « E si tracci [...] pensa anche [...] o, se preferisci, immagina » [12]. È questo modello che sta al posto del vero, e in esso Newton ha calato la sua scoperta. Le ragioni e gli esperimenti proveranno la corrispondenza di tale modello alla verità delle cose.

Ben diverso è il modo di procedere di Descartes nella *Dioptrique*:

Ora, non avendo qui altra occasione di parlare della luce, che per *spiegare* come i suoi raggi entrino nell'occhio, e come possano essere deviati dai diversi corpi che incontrano, non c'è bisogno che io intraprenda a dire quale sia *veramente* la sua natura, e credo che basterà che io usi due o tre paragoni, che aiutino a concepirla nel modo che mi sembra più facile, per *spiegare* tutte quelle sue proprietà che l'esperienza ci fa conoscere, e per *dedurne* in seguito tutte le altre che non possono essere così agevolmente osservate; imitando in ciò gli astronomi che, fossero pure le loro ipotesi quasi tutte false o incerte, tuttavia, poiché esse si applicano a diverse osservazioni da loro compiute, non mancano di trarne molte conseguenze verissime e sicurissime [13].

Anche Descartes si riferisce a esperienze che fanno conoscere le proprietà delle cose e a ragionamenti (la deduzione, dalle prime, delle proprietà che non possono essere osservate agevolmente). Ma, come le ipotesi degli astronomi sono compatibili con i fenomeni e li rendono chiari, così faranno i paragoni che egli intende proporre, senza che, nell'un caso e nell'altro, si pretenda che le cose stiano veramente così. Possiamo inferire che Descartes attribuisca un primato alla spiegazione, rispetto alla dimostrazione, perché la prima ha comunque come effetto la formazione di idee chiare e distinte; e che tanto basti per la verità.

Gli storici recenti hanno preteso di mostrare la debolezza di questa interpretazione, e alcuni hanno anche sostenuto che Descartes in effetti non usi ipotesi della stessa specie di quelle degli astronomi [14]. È noto infatti che la *Dioptrique* come gli altri due trattati, le *Météores* e la *Géométrie*, pubblicati nel 1637 insieme al *Discours de la méthode*, contengono soltanto indagini particolari che non rivelano i fondamenti su cui Descartes aveva costruito la sua fisica e in base ai quali avrebbe potuto provare ciò che qui è semplicemente spiegato. È anche noto che questi fondamenti della sua fisica erano esposti in un'opera più generale, composta anteriormente agli *Essais*, dal titolo *Le Monde ou Traité de la Lumière*. Tra i vari motivi addotti per la non pubblicazione di quest'opera, l'unico forse decisivo fu la condanna di Galileo [15]. Il sospetto che egli voglia dare alle sue conclusioni fisiche un carattere ipotetico solo per timore di una condanna, è tuttavia infondato. Del resto anche chi avesse letto *Le Monde* nella prima edizione uscita postuma nel 1664 presso il libraio parigino Jacques Le Gras vi avrebbe trovato esposta gran parte della cosmologia sotto specie di favola. Non era forse anche questa un'imitazione del metodo degli astronomi? Inoltre argomentazioni analoghe a quelle avanzate nella *Dioptrique*, a proposito delle ipotesi, sono contenute già nelle *Regulae* [16], prima della condanna di Galileo. Il passo della sesta parte del *Discours de la méthode*, riportato da Sabra per mostrare che le ipotesi della *Dioptrique* e delle *Météores* non sono della stessa specie di quelle degli astronomi [17], è il seguente:

Se poi alcune delle cose di cui ho parlato all'inizio della *Diottrica* e delle *Meteore* a prima vista urtano perché le chiamo ipotesi e non sembra che abbia voglia di provarle, si abbia la pazienza di leggere tutto con attenzione, e spero che si resterà soddisfatti. Poiché mi sembra che le ragioni si susseguano in modo tale che come le ultime sono dimostrate dalle prime, che sono le loro cause, così le prime lo sono reciprocamente dalle ultime, che sono i loro effetti. E non si deve immaginare che io commetta in questo l'errore che i logici chiamano circolo; poiché rendendo l'esperienza la maggior parte di questi effetti molto certa, le cause da cui li deduco non servono tanto a provarli quanto a spiegarli; ma, al contrario, sono esse ad essere provate da questi effetti. E io le ho chiamate ipotesi affinché si sappia che io penso di poterle dedurre da quelle prime verità che ho spiegato più sopra, ma che non ho voluto farlo [...] [18].

Questo passo, in realtà, non modifica il senso di quel che Descartes afferma all'inizio della *Dioptrique* a proposito del metodo degli astronomi. Descartes pensa effettivamente di poter « dedurre » le sue ipotesi, ma non per questo conclude, come ritiene il Sabra [19], che esse siano necessariamente vere: infatti non possono essere trovate con la sola ragione. Sembra chiaro che Descartes non intenda parlare di deduzione in senso forte, ma della possibilità di connettere *a posteriori* le ipotesi esplicative alle verità prime. Infatti le verità prime sono compatibili con diverse ipotesi non tutte in accordo con l'esperienza. È l'accordo con l'esperienza, in questo caso, ad essere preminente: « [...] ma, al contrario, sono esse [le cause, ossia le ipotesi esplicative] ad essere provate da questi effetti [quelli resi certi dall'esperienza] ».

Che questa interpretazione sia più vicina al pensiero di Descartes, è attestato da un luogo dei *Principia*, da cui risulta più chiaramente il rapporto tra le verità prime e l'esperienza:

Risulta ormai evidente da quanto abbiamo detto, che esiste una sola materia di tutti i corpi dell'universo [...] ma quanto grandi siano le parti della materia, quanto velocemente si muovano, e quali circoli descrivano, *non possiamo determinarlo con la sola ragione*: poiché queste cose poterono essere ordinate da Dio in innumerevoli modi diversi, e si può sapere quale di tutti questi modi ha scelto, *per mezzo della sola esperienza*. Ecco *perché* ora siamo liberi di supporre quel che di essi vorremo, purché tutte le cose che ne conseguiranno si accordino con l'esperienza [20].

Qui Descartes fornisce inequivocabilmente i motivi della scelta metodologica effettuata all'inizio della *Dioptrique* e spiega anche perché adotti, come gli astronomi, ipotesi esplicative dei fenomeni, la cui verità o falsità è ritenuta irrilevante. Non si tratta di una scepsi provvisoria in attesa di una metafondazione tramite le verità prime. La fisica ha a che fare con il mondo che appare: salvare i fenomeni è il suo compito precipuo. Le modalità del mondo, infatti, non appartengono, di per sé e necessariamente, alla materia così come la conosciamo mediante la sola ragione. Il mondo, per i nostri sensi, è davvero una favola. Del resto, Descartes non attribuisce questo metodo unicamente agli astronomi: come precisa nelle *Meditationes*, rispondendo alle quinte obiezioni di Gassendi, anche i geometri e i filosofi ne fanno uso [21].

È probabile che Descartes intenda riferirsi al metodo dell'analisi, nel senso tecnico precisato dagli antichi geometri (Pappo, ad esempio), e che, tradizionalmente, era attribuito a Platone [22]. Se le cose stanno così, Newton non si renderà mai conto che il metodo ipotetico proposto da Descartes, e entusiasticamente abbracciato dai filosofi meccanici, era una variante, o piuttosto un'estensione, del metodo analitico proposto dagli antichi. È dubbio, per di più, che Newton abbia mai avuto un'idea chiara di che cosa fosse il metodo analitico [23].

Ritornando alla *Dioptrique* e ai paragoni, sia che si identifichino con le ipotesi o le illustrino soltanto, utilizzati da Descartes per spiegare le proprietà fenomeniche della luce — il bastone che usa chi cammina di notte senza torcia o chi è nato cieco, e il tino in tempo di vendemmia —, mi sembra verosimile che è ad essi che Newton intende riferirsi quando contrappone le cose vere alle favole. Anche se Descartes aveva teorizzato la distinzione tra il « provare » e lo « spiegare », già il Petit così obiettava all'uso dei paragoni: « Occorrerebbero *ragioni ed esperienze* e non paragoni che non hanno altra forza che di far comprendere quello che rappresentano » [24].

## 2. *Salvare i fenomeni: la tradizione fisica*

Se per Descartes il ricorso alle ipotesi è libero purché ne consegua un accordo con l'esperienza, allora il valore della fattualità, in campo fisico, risulta esaltato. Esaltando a sua volta il valore della fattualità, Newton sceglie di abbandonare del tutto le ipotesi [25]. Questa riduzione operata sulla proposta cartesiana spingerà Newton a utilizzare altri modelli teorici.

Collegandosi alla tradizione matematica, come si è visto, Newton spiega la sua scoperta con un modello geometrico (cfr. fig. a p. 4) e non con un paragone o un'ipotesi. Intendo qui per tradizione matematica quell'insieme di procedure razionali e tecniche che avevano prodotto, tra l'altro, un certo numero di scienze particolari, quali l'astronomia, la geografia, la nautica, la meccanica e l'ottica stessa, e che venivano tenute ben distinte dalla fisica, scienza filosofica e teorica, a cui spettava anche l'indagine sulla natura (*physis*) della luce e dei colori.

L'ambiguità della posizione di Descartes sulla possibilità dell'uso ' filosofico ' delle matematiche è ben nota. Nella risposta alle obiezioni dell'astronomo Morin, Descartes considera indipendenti le dimostrazioni matematiche dalle sue opinioni fisiche [26]. Il motivo che adduce — di non voler perdere la forza delle dimostrazioni matematiche per l'incertezza delle ipotesi fisiche — è chiaramente ascrivibile alla persistenza di un pregiudizio che riconosceva oggetti diversi alle scienze matematiche e a quelle fisiche. Un passo del *Discours de la méthode* esprime efficacemente il parallelismo dei due ordini di conoscenza e il ruolo puramente ideale che poteva acquisire il metodo matematico nei confronti di quello fisico: « Considerando che tra tutti quelli che hanno prima d'ora ricercato la verità nelle scienze, solo i Matematici hanno potuto trovare qualche dimostrazione, vale a dire qualche ragione certa ed evidente, non dubitavo di dover cominciare da queste stesse che essi hanno esaminato, *sebbene non sperassi di avere alcuna altra utilità se non quella di abituare il mio spirito a nutrirsi di verità e a non accontentarsi di false ragioni* » [27].

Il risultato conseguente alla decisione cartesiana di mantenere distinte le scienze matematiche da quelle fisiche, lasciando praticamente inalterato il loro tradizionale rapporto di subordinazione, fu proprio il ricorso alle ipotesi come strumento sufficiente e autonomo per la spiegazione del mondo fisico. Il fatto che l'introduzione delle ipotesi nella fisica da parte di Descartes fosse motivata dal loro uso in astronomia e in geometria, non produsse affatto un'interazione effettiva tra le scienze matematiche e quelle filosofiche e non servì ad abbatterne i confini.

Quando Descartes nelle *Météores* si accinge a esaminare l'esperimento della produzione dei colori mediante il prisma, egli si attiene alla tradizione fisica e la sua innovazione si limita alla proposta di un'ipotesi esplicativa che mantiene legami, sia pur vaghi, con quelle precedenti e si inserisce nel solco delle classiche procedure intese a salvare i fenomeni. Ne segue che la fattualità dell'esperimento risulta fortemente compressa e impoverita di quasi tutti i dati metrici, considerati evidentemente irrilevanti allo scopo di accordare « la ragione all'esperienza » [28].

L'esperimento del prisma viene introdotto da Descartes allo stesso modo dei paragoni impiegati nella *Dioptrique*. Avendo utilizzato un'ampolla di vetro per spiegare l'apparizione dell'arcobaleno come un fenomeno prodotto dalla rifrazione della luce da parte delle gocce d'acqua sospese nell'aria, Descartes cerca di risolvere la difficoltà legata al fatto che solo alcuni raggi di luce fanno apparire i colori:

E per risolverla, ho cercato se non ci fosse qualche altro oggetto in cui tali colori apparissero nel medesimo modo, affinché, *con il paragone dell'uno con l'altro*, potessi meglio giudicare della loro causa. Ricordandomi, poi, che un prisma o un triangolo di cristallo ne fa vedere di simili, ne ho considerato uno uguale a questo MNP, le cui due superficie MN e NP sono del tutto

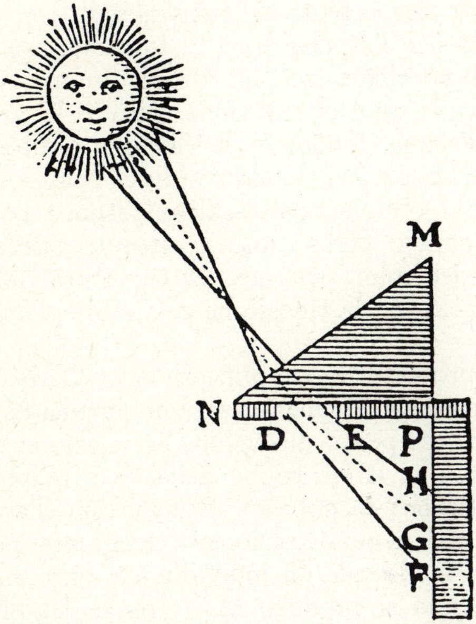


piane e inclinate l'una sull'altra secondo un angolo di circa 30 o 40 gradi, cosicché se i raggi del sole ABC attraversano MN secondo angoli retti o quasi retti, e così non subiscono alcuna sensibile rifrazione, devono subirne una abbastanza grande uscendo da NP. E coprendo una di queste due superficie con un corpo oscuro, in cui era applicata un'apertura abbastanza stretta come DE, ho osservato che i raggi, attraversando questa apertura e di là andando a raggiungere un telo o una carta bianchi FGH, vi dipingono tutti i colori dell'arcobaleno, e che essi dipingono sempre il rosso verso F e il blu o il violetto verso H [29].

L'esperimento cartesiano rimane centrato sulla osservazione. Il linguaggio usato è quello geometrico, ma, a parte i dati sull'ampiezza degli angoli del prisma e dell'incidenza dei raggi, ogni altra misura è lasciata indeterminata. Quanto è ampia e, soprattutto, che forma ha l'apertura DE nel corpo opaco che limita inferiormente il prisma (ma che può anche essere posto sul lato MN)? Quanto dista da questa apertura lo schermo che raccoglie i colori? Che forma e che dimensioni ha l'immagine colorata proiettata sullo schermo? Ha essa qualche rapporto con l'apertura DE? Tutti questi dati sono irrilevanti per Descartes a cui interessa il fenomeno in sé in analogia con i colori dell'arcobaleno.

Descartes usa l'esperimento in funzione esplicativa: esso non pone il problema, ma lo risolve. Infatti si chiede: c'è un rapporto tra quel che avviene quando la luce attraversa una goccia d'acqua (fenomeno fisicamente complesso) e quando attraversa un prisma (fenomeno fisicamente più semplice)? Paragonando i due fenomeni, alcuni aspetti possono essere esclusi dal novero delle cause e ritenuti accidentali per la produzione dei colori (per es. la curvatura delle superficie delle gocce d'acqua, la riflessione e la molteplicità delle rifrazioni).

Questo processo di semplificazione o di risoluzione è, in realtà, un processo di generalizzazione: mediante il paragone, infatti, Descartes pensa di cogliere la relazione tra la produzione dei colori e la rifrazione della luce indipendentemente dai casi particolari in cui essa si manifesta (l'arcobaleno, gli aloni, ecc.). La generalizzazione è raggiunta per esclusioni successive in modo tale da individuare i fattori senza i quali il fenomeno non si produce. Al termine del processo, Descartes ha isolato solo la rifrazione, la luce e l'ombra: sono queste le condizioni necessarie per la produzione del fenomeno:

Ma ho ritenuto che occorresse almeno una rifrazione, e per di più tale che il suo effetto non fosse distrutto da una contraria; infatti l'esperienza mostra che, se le superficie MN e NP fossero parallele, i raggi, raddrizzandosi nell'una di tanto quanto potrebbero piegarsi nell'altra, non produrrebbero questi colori. E non ho dubitato che occorresse anche della luce, poiché senza di essa non si vede nulla. Inoltre ho osservato che occorreva dell'ombra, ossia qualche limite a questa luce; infatti se si toglie il corpo oscuro collocato su NP, i colori FGH cessano di apparire; e se si fa l'apertura DE abbastanza grande, il rosso, l'arancio e il giallo, che sono verso F, non si estendono in conseguenza a ciò più lontano, non più di quanto facciano il verde, il blu e il violetto, che sono verso H, ma tutto lo spazio che c'è in sovrappiù tra i due punti verso G resta bianco [30].

È evidente la scarsa problematicità con cui è esposto l'esperimento. Descartes constata che se le superficie MN e NP fossero parallele i colori non comparirebbero. Assimila, poi, questo risultato a quello ottenuto togliendo il corpo opaco diaframmato dalla base del prisma. Questi due effetti sono molto diversi tra loro. Ovviamente Descartes non lo sapeva, ma la differenza poteva essere colta semplicemente variando le condizioni sperimentali. Se infatti l'immagine proiettata dal prisma non schermato fosse stata raccolta molto più lontano, i colori sarebbero riapparsi. In effetti sarebbe bastata una rotazione del prisma tale che sulla faccia MN i raggi solari non cadessero perpendicolarmente, ma fossero più inclinati in modo da subire una rifrazione doppia perché i colori riapparissero anche a breve distanza, almeno i rossi e i violetti, come Descartes osserva proprio quando amplia l'apertura DE. Che la rifrazione doppia potesse compensare l'assenza dello schermo diaframmato non era un buon risultato sperimentale per Descartes che vedeva nel limite dell'apertura, cioè nella presenza dell'ombra, la prova di un'antica verità. Questa apertura, del resto, doveva essere molto piccola per permettere di vedere ben sei colori senza bianco intermedio.

Per accorgersi di tutto questo, tuttavia, Descartes avrebbe dovuto attribuire all'esperimento una funzione ben più importante di quella di un semplice paragone chiarificatore. L'esperimento mostra solo fatti privi di legame perché la teoria non lo guida: così non è più possibile stabilire sperimentalmente perché il bianco ricompaia tra il rosso e il violetto quando viene ampliata l'apertura dello schermo opaco posto sul fondo del prisma. L'implicita risposta di Descartes, che cioè non c'è abbastanza ombra, è un fatto che si aggiunge a un altro fatto. E la teoria salva entrambi poiché non ha niente a che fare con questi: un'altra potrebbe salvarli altrettanto bene. È questo il vantaggio delle favole.

L'esperimento cartesiano illustra e delimita i fenomeni che sono da salvare; ma non ci sono solo questi: Descartes vuole salvare anche l'antica opinione che i colori nascono dalla luce e dall'ombra. L'ipotesi teorica che egli ha in mente non smentisce questa dottrina, ma la giustifica e l'incorpora come se fosse solo una determinazione incompleta, o una approssimazione o una anticipazione, di se stessa.

Individuate le condizioni necessarie, Descartes si rende conto tuttavia che esse non sono sufficienti per spiegare le differenze dei colori, giacché ritiene che la rifrazione, la luce e l'ombra vi concorrano allo stesso modo: « In seguito ho cercato di conoscere perché questi colori fossero diversi verso H da quelli verso F, nonostante che la rifrazione e l'ombra e la luce vi concorressero nel medesimo modo » [31]. Ora si comprende meglio la rigidità dell'esperimento cartesiano con il prisma. Egli vuole mantenere uniformi le condizioni dell'esperimento, accorgimento ancor oggi tenuto in gran conto nella pratica sperimentale. In effetti, l'esperimento era congegnato in modo tale che, per costruzione, l'angolo della luce incidente e l'ombra, cioè il diaframma dello schermo opaco, risultassero costanti rispetto alla produzione del fenomeno: ma l'uniformità della rifrazione della luce che usciva dal prisma non era affatto un dato sperimentale. La costanza di tale dato era implicitamente dedotta dalla geometria della rifrazione. Ancora una volta Descartes non ricava le proprie conclusioni dall'esperimento, che non riesce a incidere sul piano teorico. Descartes non si è curato, ad esempio, di misurare gli angoli di rifrazione dei raggi DF e EH, e certamente non per incapacità sperimentale. Infatti, poco più avanti, nello stesso discorso VIII delle *Météores*, egli afferma di aver misurato minuziosamente — e non c'è alcun motivo di dubitarne — gli angoli di tutti i raggi incidenti sui diversi punti di una goccia d'acqua. Se Descartes non prende in considerazione la geometria della rifrazione è certamente perché non ritiene di poter individuare, per questa via, le *differenze fisiche* dei colori. Egli si affretta, al contrario, una volta individuate sul piano fattuale le condizioni necessarie del fenomeno, a introdurre l'ipotesi, già avanzata nella *Dioptrique*, sulla natura della luce e ad adattarla all'esperienza. Se, infatti, la luce è una azione o una pressione esercitata su una materia sottilissima costituita di piccole sfere ruotanti nei pori dei corpi, numerose possono essere le cause in grado di variare la loro velocità di rotazione. La rifrazione sarà una di queste congiuntamente al limite tra ombra e luce, poiché la loro azione congiunta produrrà una variazione degli attriti meccanici tra le sfere ruotanti. Le sfere che ruotano più forte causeranno il colore rosso (cioè la nostra sensazione di questo colore); quelle meno veloci, il blu: i colori intermedi saranno prodotti da gradi di velocità di rotazione maggiori o minori di quelli dei colori immediatamente adiacenti. Descartes nega che il vetro del prisma possa produrre i colori e poiché ritiene di aver scoperto la loro causa fisica nella diversa velocità di rotazione dei globuli, non assegna alla rifrazione e al limite tra ombra e luce un valore determinante: altri aspetti dei corpi, quali la grandezza, la forma, la posizione e il movimento, possono produrre un aumento o una diminuzione della rotazione delle parti della materia sottile.

La teoria cartesiana aveva brillantemente trasformato la tradizionale opinione che i colori nascessero dall'ombra e dalla luce in una relazione meccanica in grado di salvare i fenomeni con grande accuratezza; nel caso dell'arcobaleno, poi, la padronanza della geometria della rifrazione poteva condurre, e condusse di fatto, a un grado elevato di precisione metrica.

Con tutto ciò, la teoria di Descartes era sufficiente a salvare i fenomeni proprio perché non ne dipendeva in alcun modo, ma era stata loro adattata: nessuna meraviglia che gli effetti « provassero » l'ipotesi! Tuttavia la spiegazione ipotetica poteva essere sostituita da un'altra, come poi farà Hooke, senza perdere né acquistare potere esplicativo e, per di più, senza che esistesse alcun criterio di scelta tra le due. In altre parole, le ipotesi fisiche non avevano bisogno di alcun grado di certezza o di necessità, giacché non potevano essere trovate con la sola ragione.

Questa conclusione, mentre assegna alla matematica una funzione puramente strumentale, sembra esaltare il ruolo dell'esperienza, a cui è affidato, in ultima analisi, il compito di porre alla prova le ipotesi. Descartes ottiene certamente un circolo, anche se, come si è visto, si rifiuta, forse a ragione, di considerarlo una petizione di principio: le ipotesi spiegano i fatti e i fatti provano le ipotesi. Ma spiegare e provare sono due cose diverse. È questa la potenzialità conoscitiva della fisica cartesiana, in cui, diversamente che nella matematica, la spiegazione vale più della prova. Ed è in questo modo che Descartes introduce le favole nella fisica. Così, contro ogni aspettativa, anziché risultarne esaltata, l'esperienza viene appiattita. L'esperimento cartesiano è rigido e schematico, oltre che fattualmente impreciso: soprattutto, il suo valore conoscitivo è drasticamente ridotto. Che cosa sono i colori per Descartes? Hanno essi una vera natura? La fisica scolastica aveva tradizionalmente distinto i colori in veri (quelli appartenenti ai corpi) e apparenti o enfatici (quelli derivanti da modificazioni della luce, come nell'arcobaleno). Distinzione priva di senso per Descartes: « Non so apprezzare la distinzione dei filosofi quando dicono che vi sono colori veri e altri che sono solo falsi o apparenti. Poiché tutta la loro vera natura consiste nell'apparire, è una contraddizione, mi sembra, affermare che sono falsi e apparenti » [32].

La soluzione cartesiana annulla la distinzione, negando tuttavia la « verità » dei colori: la loro natura è intrinsecamente fenomenica. Sono effetti di superficie che non hanno alcuna somiglianza con la causa che li produce. Il rifiuto della dottrina della specie, rifiuto indispensabile per giustificare teoricamente la visione nei telescopi e nei microscopi, si rifletteva sull'indagine empirica provocandone il distacco dal piano della realtà.

Descartes aveva tuttavia introdotto alcune importanti innovazioni anche nell'ottica fisica: a) la luce e i colori venivano spiegati con un'unica ipotesi meccanica e identica era la loro « natura » fenomenica; b) la distinzione tra colori veri e apparenti era annullata e così quella tra corpi colorati e fenomeni luminosi; c) l'esperimento del prisma era divenuto, da semplice curiosità ottica, la chiave e il paragone fondamentale per intendere e chiarire le affermazioni precedenti; d) la matematica era stata applicata alla spiegazione dell'arcobaleno.

### 3. *Sperimentare e generalizzare: la tradizione della storia naturale*

Una delle fonti principali del giovane Newton fu l'opera di Boyle *Experiments and Considerations Touching Colours [...] as the Beginning of an Experimental History of Colours*, edita a Londra nel 1664. Si tratta di un'opera di filosofia naturale (o sperimentale, nell'accezione dello stesso Boyle), non di ottica. Questo spiega in parte perché gli storici dell'ottica, compresi gli studiosi di Newton, salvo rare eccezioni [33], si siano accorti tardi della sua importanza. In realtà la posizione di Boyle sul problema fisico dei colori è del tutto nuova e rappresenta uno dei nodi fondamentali per comprendere lo sviluppo e il significato della teoria newtoniana.

L'opera di Boyle è nello stesso tempo una *summa* di tutta la ricerca precedente sui colori condotta tanto dai filosofi che dai chimici (*Chymists*), e la proposta di inserire il problema dei colori in una nuova tradizione. Boyle si richiama esplicitamente alla tradizione della storia naturale per evitare l'*impasse* di una teoria astratta e lontana dai fatti: « Per queste e analoghe considerazioni, Pirofilo, devo desiderare che tu consideri questo piccolo trattato, non come un discorso scritto principalmente per sostenere una delle sopra menzionate teorie [34], o per sostituirle con una nuova mia propria; ma come l'inizio di una storia dei colori, su cui, quando tu e i tuoi ingegnosi amici l'avrete arricchita, può essere costruita con sicurezza una solida teoria » [35].

Boyle aggiunge, subito dopo queste parole, di intendere la storia naturale non come un registro di meri fatti, ma come la costituzione di un apparato in vista della formazione di una teoria profonda e comprensiva. Per raggiungere questo scopo e per evitare di perder tempo con teorie infruttuose, gli *esperimenti stessi* sono in grado di eliminare almeno due, e le più influenti nella scuola e tra gli uomini dotti, delle teorie menzionate: quella peripatetica che considerava i colori qualità degli oggetti e quella dei chimici che assegnavano l'origine dei colori al principio sulfureo dei corpi. Boyle, è vero, dubita che una qualunque delle teorie fino ad allora proposte abbia un qualche diritto di essere ammessa a preferenza delle altre. Il motivo di questo dubbio è certamente l'insufficienza della loro base sperimentale. Ma nel caso delle due teorie sopra ricordate questa insufficienza diviene radicale e tale da orientare la ricerca in una direzione completamente diversa. La storia sperimentale serve proprio a infrangere l'egemonia della teoria sui fatti. Questo non significa rinunciare a una ipotesi. Come potrebbe, altrimenti, aver senso la storia degli esperimenti? L'ipotesi deve assumere una forma problematica, non assertoria. È esattamente la forma che assumeranno, molto più tardi, le *queries* newtoniane dell'*Opticks*.

Non so se è necessario aggiungere che ho intenzionalmente sperimentato (come vedrai tra poche pagine, e forse riterrai un po' strano) che i colori, che sono detti enfatici perché non inerenti ai corpi in cui appaiono, possono essere composti l'uno con l'altro, come lo possono quelli che per ammissione di tutti sono genuini. Ma quando troverai detto tutto questo, Pirofilo, ti devo avvertire che *vien detto solo problematicamente*; e che sebbene io pensi che l'opinione che ho tentato di rafforzare sia probabile, tuttavia una gran parte del nostro discorso sui colori può esser vero, anche se quell'opinione non lo fosse [36].

Da un punto di vista metodologico, l'ultima affermazione di Boyle ricorda molto da vicino quella imitazione del metodo degli astronomi che si era prefisso Descartes. Per entrambi infatti è possibile costruire un discorso vero, cioè in accordo con l'esperienza, anche se l'ipotesi che ha permesso di costruirlo è falsa o incerta. È assai improbabile che si tratti di una semplice coincidenza. Tuttavia anche se l'impostazione della ricerca fisica è la stessa, Boyle procede in modo significativamente diverso da Descartes. Quest'ultimo aveva adattato l'ipotesi ai fatti; il primo, al contrario, cerca di adattare i fatti all'ipotesi. La prima cosa risultava sempre possibile, la seconda no. Per essere più espliciti: Descartes costruisce un'ipotesi che è compatibile con l'esperienza comunque essa si dia. Boyle accumula esperimenti che rafforzano l'ipotesi problematicamente, cioè senza escluderne altre. Si potrebbe essere tentati di vedere esemplificato in questa contrapposizione il meccanismo popperiano del criterio di falsificazione. Infatti Descartes non è più in grado, giacché la sua ipotesi salva comunque i fenomeni, di falsificarla. Non così Boyle. Saremmo di fronte a quel profondo solco che demarca la metafisica dalla scienza.

Ma per Descartes, come si è visto, la falsità (come la verità) delle ipotesi è irrilevante, e lo è anche per Boyle. Il problema di falsificare le ipotesi è secondario rispetto a quello di dare significato all'esperienza. Nessun criterio astratto può spiegare la qualità del significato che si ricerca. Questa qualità è connessa alle tradizioni culturali che interagiscono con la pratica scientifica. Sono queste tradizioni che costituiscono, in ultima analisi, la differenza tra la pratica scientifica di Boyle e quella di Descartes.

Nella pratica scientifica di Descartes l'ipotesi, che ha la forma di un'idea chiara e distinta, subisce il massimo della determinazione giacché, come viene affermato in *Le Monde*, « se vi mettessi una cosa minima che fosse poco chiara, potrebbe accadere che, all'interno di questa zona oscura, vi fosse una contraddizione nascosta, della quale non mi sarei accorto, supponendo così, senza volerlo, qualcosa di impossibile » [37]. Se si pensa all'ipotesi della luce come pressione esercitata sui globuli e alla diversa rotazione che questi devono necessariamente subire incontrando un ostacolo, si comprende che la potenzialità esplicativa dell'assunto teorico è virtualmente illimitata. L'esperimento del prisma è solo una illustrazione o un chiarimento dell'ipotesi, cioè la sua traduzione nell'esperienza. Come si è notato, l'esperimento cartesiano resta ampiamente sottodeterminato; una volta assolto il suo compito illustrativo, non viene più indagato.

Nella pratica scientifica di Boyle, al contrario, è l'esperienza che viene determinata al massimo. Il suo intento è quello di offrire una storia sperimentale. Così Boyle si preoccupa di mescolare tra loro i colori cosiddetti enfatici, guidato dalla stessa idea esposta da Descartes, che cioè non siano differenti da quelli reali o genuini. Egli traduce sul piano sperimentale e in forma problematica ciò che Descartes aveva affermato dialetticamente [38]. Per Descartes questa traduzione sperimentale sarebbe stata del tutto irrilevante perché i risultati conseguenti non avrebbero potuto avere un significato diverso da quello già stabilito nell'ipotesi. L'esperienza non può aggiungere nuove determinazioni all'ipotesi, che è un'idea di per sé chiara e distinta. Così la composizione dei colori prismatici o l'osservazione che il bianco si riformava al centro dell'immagine proiettata dal prisma, quando l'apertura dello schermo posto alla sua base veniva aumentata, erano puri fatti privi di significato teorico e ormai del tutto comprensibili nei termini della rotazione per pressione introdotti dall'ipotesi. In Boyle, l'ipotesi resta sottodeterminata e mantiene un rapporto problematico con l'esperienza. La teoria deve essere provata dai fatti per poterli spiegare. Ma se la teoria determina i fatti, la prova è nulla e la spiegazione non ha alternative.

È fuori dubbio che sia in Descartes che in Boyle il rapporto teoria-esperienza resti il medesimo: l'esperienza prova l'ipotesi teorica e quest'ultima spiega l'esperienza. Essi adottano in astratto lo stesso metodo: a meno di dimenticare completamente i testi citati, non si può ragionevolmente sostenere che nella pratica scientifica Descartes segua un metodo deduttivo o Boyle uno induttivo. Descartes riconosce espressamente che il mondo « non possiamo determinarlo con la sola ragione » ma « per mezzo della sola esperienza »[39]. D'altra parte, Boyle non ricava le sue ipotesi dai fenomeni né tantomeno le rende generali per induzione. Naturalmente inferenze di tipo induttivo o deduttivo se ne possono trovare a manciate sia nelle opere di Descartes che in quelle di Boyle, come in quelle di qualsiasi altro autore, poiché queste inferenze descrivono grosso modo i più comuni processi di pensiero. Ma nella pratica scientifica il modo di procedere non è quasi mai modellato su processi formali: esso è ricco di contenuti culturali derivati dalle tradizioni intellettuali.

Così Boyle prende a prestito la sua ipotesi fondamentale (che il colore sia una modificazione della luce) da Descartes e la inserisce in una tradizione intellettuale diversa: quella della storia naturale. Per fare questo, Boyle non ricorre affatto all'induzione. Prima ancora di occuparsi di qualsiasi esperienza particolare, Boyle ha scelto un'ipotesi generalissima il cui valore di verità è lasciato indeterminato. Questa ipotesi verrà perfezionata mediante la storia sperimentale, di cui costituisce anche il filo connettivo.

Sono incline a considerare che il colore sia una modificazione della luce; e ti inviterei a coltivare principalmente questa ipotesi, e a perfezionarla per la comprensione della generazione dei colori particolari, come io ho tentato di applicarla alla spiegazione del bianco e del nero [...]. Ma, Pirofilo, sebbene questa sia al presente l'ipotesi che preferisco, tuttavia *la propongo solo in senso generale*, che implica soltanto che i raggi di luce, modificati dai corpi da cui sono mandati (riflessi o rifratti) all'occhio, vi producono quel genere di sensazione che gli uomini chiamano comunemente colore. Ma se io pensi che questa modificazione della luce sia ottenuta mescolandola con le ombre, o variando la proporzione dell'avanzamento e della rotazione dei cartesiani *Globuli Caelestes*, o in qualche altro modo, che ora non sto a menzionare, io non intendo qui dichiarare; *molto meno pretendo di determinarla*, o certamente non tanto da sperare di conoscere tutto quello che si dovrebbe conoscere, per dare a te, o anche a me stesso, una spiegazione perfetta della teoria della visione e dei colori [40].

Boyle propone un'ipotesi che resta sottodeterminata in seguito alla sua estrema generalizzazione. Questa estrema generalizzazione è necessaria per mantenere quell'aspetto problematico della spiegazione rispetto agli esperimenti, che Boyle aveva già sottolineato. In questa forma generale, infatti, l'ipotesi non è più in grado di esercitare un potere illimitato sull'esperienza. Essa perde quell'aspetto ' maligno ' (quello stesso che aveva il ' genio ' cartesiano) per cui *tutta* l'esperienza viene sottilmente travisata.

Possiamo trovare un riflesso di questa posizione di Boyle in una lettera di Newton a Oldenburg dell'11 giugno 1672, diversi anni dopo la sua proficua lettura della *Experimental History of Colours*, indizio certo della duratura influenza da essa esercitata sulla maturazione delle idee metodologiche newtoniane:

Ma io sapevo che le proprietà che ho dichiarato della luce erano in qualche misura suscettibili di essere spiegate non solo con quella [l'ipotesi corpuscolare], ma con molte altre ipotesi meccaniche. E perciò scelsi di abbandonarle tutte, e di parlare della luce *in termini generali*, considerandola astrattamente come qualcosa o altro propagati per ogni dove in linee rette dai corpi luminosi, *senza determinare* che cosa sia questa cosa, se una confusa mistura di qualità difformi o modi dei corpi, oppure una confusa mistura di corpi stessi, o di qualsiasi virtù, potenza o ente [41].

Il parallelismo tra questo passo newtoniano e quello sopra riportato di Boyle, pur inseriti in contesti differenti, balza all'occhio. Boyle, è vero, continua a chiamare ipotesi la sua generalizzazione, che ha tuttavia ormai un carattere assai diverso da quello proposto da Descartes. È chiaro che Newton rifiuta le ipotesi meccaniche a causa della loro eccessiva determinatezza, esattamente come Boyle. E come Boyle, Newton ricorre a un processo di generalizzazione o astrazione che svuota l'ipotesi di contenuti teorici determinati. È questo processo che consentirà a Newton l'applicazione della matematica al mondo. Il suo rifiuto delle ipotesi è l'altra faccia di questa stessa medaglia.

È assai verosimile che tanto Boyle che Newton (e soprattutto il primo, giacché il secondo, in questo, si muove sulla sua scia) abbiano raggiunto questa posizione in seguito a una particolare interpretazione o sviluppo di quel metodo degli astronomi (abbracciato anche da Descartes) secondo cui l'ipotesi, essendo indifferente la sua verità o falsità, non ha più il compito di determinare l'esperienza. Nella risposta di Newton a Pardies del 10 giugno 1672 la posizione metodologica di Boyle viene codificata esplicitamente sotto forma di regola:

> [...] le ipotesi si devono *soltanto* applicare alla *spiegazione* delle proprietà delle cose, e non usare per *determinarle*, se non in quanto possano fornire degli esperimenti. E se qualcuno può fare una congettura sulla *verità delle cose* dalla possibilità sola delle ipotesi, non vedo in che modo si possa stabilire qualcosa di certo in alcuna scienza; dal momento che è sempre lecito escogitare ipotesi continuamente diverse, che sembreranno procurare nuove difficoltà [42].

Si noti che l'uso delle ipotesi ' determinanti ' viene rifiutato in nome della « verità delle cose ».

Etichettare questi notevoli sviluppi del ' metodo degli astronomi ' come strumentalismo, significa appiattire di fatto ogni differenza tra Descartes, Boyle e Newton. Nessuno di essi, in realtà, ha nulla da spartire con Bellarmino o con Osiander, i quali si limitano a interpretare astrattamente la pratica scientifica, mentre è proprio quest'ultima che dà un significato determinato alla metodologia.

La « povertà » delle ipotesi per Boyle e Newton è bilanciata dalla « ricchezza » dell'esperienza. Il processo di astrazione che investe le ipotesi tenderà a identificarsi, secondo Newton, con il metodo definitorio della tradizione matematica. Ma anche per Newton, come per Boyle, è l'esperimento che determina il senso generale delle ipotesi o delle definizioni.

Questo schema di ricerca, come ho mostrato altrove [43], viene esteso da Newton anche alla meccanica. Un passo del giovanile *De gravitatione*, composto probabilmente qualche anno dopo (1668?) la lettura della *Experimental History of Colours* di Boyle, attesta una coincidenza tematica che non può certo essere casuale:

> [...] poiché il corpo è qui proposto al pensiero non in quanto è una sostanza fisica dotata di qualità sensibili, ma soltanto in quanto è un *quid* esteso mobile e impenetrabile; e pertanto non l'ho definito secondo l'uso filosofico, ma *astraendo* le qualità sensibili (che anche i filosofi se non sbaglio devono astrarre, e attribuire alla mente come vari modi del pensiero eccitati dai moti dei corpi) ho posto soltanto le proprietà che sono richieste per il moto locale [44].

Per meglio evidenziare l'analogia è sufficiente confrontare le due « definizioni » di luce e di corpo, concettualmente del tutto equivalenti:

| *luce* | *corpo* |
| --- | --- |
| [...] parlare della luce in termini generali, considerandola astrattamente come *qualcosa* o altro propagati per ogni dove in linee rette [...] senza determinare *che cosa sia* [...] | [...] il corpo è qui proposto al pensiero non in quanto è una *sostanza fisica* dotata di qualità sensibili, ma soltanto in quanto è un *quid* esteso mobile e impenetrabile [...] astraendo le qualità sensibili. |

Così l'esortazione di Boyle a Pirofilo: « [...] ti inviterei a coltivare principalmente questa ipotesi [che il colore sia una modificazione della luce], e a perfezionarla per la comprensione della generazione dei colori particolari, come io ho tentato di *applicarla alla spiegazione* del bianco e del nero [...] tuttavia questa ipotesi la propongo solo in senso generale [...] molto meno pretendo di determinarla [...] » [45], fu molto verosimilmente il programma di ricerca del giovane

Newton, cui, anche dopo le nuove scoperte sui colori, si mantenne fedele.

## 4. *L'orientamento realistico*

Su Newton agì certamente anche la pratica sperimentale di Boyle. Come si è visto, la storia sperimentale costituiva per quest'ultimo la base indispensabile per perfezionare le ipotesi e costruire su di esse una solida teoria. Il lungo elenco di esperimenti riportati nella *Experimental History* restava in attesa di un significato unitario. Alcuni di essi rimandavano in modo problematico a questa o a quella ipotesi; la principale, Boyle l'aveva tratta da Descartes: il colore è una modificazione della luce, non una qualità reale e inerente dei corpi, come le scuole peripatetiche erano concordi a ritenere. Tra i moderni, Boyle rifiutava anche l'ipotesi dei chimici, che ascrivevano l'origine dei colori al principio sulfureo dei corpi. In base ai propri risultati sperimentali, Boyle riteneva che entrambe queste dottrine fossero incerte e insufficienti. D'altra parte, l'ipotesi cartesiana era troppo determinata e legata al presupposto, sperimentalmente non controllabile, dell'esistenza dei globuli eterei. Generalizzandola, Boyle conservava dell'ipotesi cartesiana solo l'aspetto che contrastava le dottrine dei peripatetici e dei chimici, lasciava indeterminato l'elemento meccanico che avrebbe modificato la luce nei colori e intendeva questa modificazione, qualunque essa fosse, in senso reale:

[...] così senza la supposizione di questi globuli, che non è così facile provare, penso che possiamo in modo sufficientemente probabile concepire *in generale*, che l'occhio può essere variamente colpito non solo dagli interi raggi di luce che cadono su di esso, così come sono; ma dall'ordine, e dal grado di velocità, ossia, in una parola, dal modo in cui le particelle che compongono ogni raggio particolare arrivano al sensorio: cosicché qualunque sia la figura dei piccoli corpuscoli, di cui i raggi di luce consistono, non soltanto la celerità o la lentezza della loro rivoluzione o rotazione, in rapporto al loro moto progressivo, ma la loro celerità più assoluta, il loro moto diretto o ondulatorio, e altri accidenti, che possono accompagnare il loro impulso all'occhio, possono renderli adatti a produrre impressioni differenti su di esso[46].

La generalità di questa ipotesi non riguarda soltanto l'ampia indeterminazione dell'elemento meccanico che introduce la modificazione responsabile della diversa impressione sensibile in cui consiste il colore, ma anche le proprietà reali del raggio e dei corpi che interagiscono con esso. Infatti la spiegazione del bianco e del nero è ricondotta da Boyle sia alla struttura fisica del corpo che alla *reale* modificazione che essa produce sulla luce riflettendola. In questo senso, Boyle riconsidera in modo diametralmente opposto la negazione cartesiana della distinzione tra colori veri e apparenti (o enfatici). Per Descartes tutti i colori sono apparenti, giacché l'apparenza è la loro vera natura; per Boyle tutti i colori sono veri, giacché è la realtà fisica che costituisce la causa del loro apparire. Entrambe le posizioni, poi, nascono dalla negazione che i colori veri siano qualità inerenti e quindi permanenti dei corpi, ben distinti dagli effimeri fantasmi prodotti da certi fenomeni atmosferici e dalle rifrazioni prismatiche. Il colore, dunque, assume per Boyle una duplice e congiunta connotazione: da un lato esso dipende dalla struttura o disposizione delle parti del corpo, donde il colore risulta più o meno permanente in rapporto alla posizione di queste parti e in generale alla possibilità che esse siano soggette a moto locale; dall'altro, esso dipende dalla modificazione che la luce subisce interferendo con il corpo, qualunque sia questa modificazione (riflessione, rifrazione, moto diretto o ondulatorio, velocità assoluta, maggiore o minore forza d'impulso — *appulse* o *stroke* — e altri accidenti). Il colore aveva dunque una duplice radice: una fisica e una fisiologica. Una sola teoria doveva dar conto di entrambe, negando che alcuni colori fossero qualità inerenti dei corpi e altri mere perturbazioni sensoriali.

Il caso più semplice, secondo Boyle, era la spiegazione della natura del bianco:

La bianchezza dunque considerata come una qualità nell'oggetto sembra principalmente dipendere da questo, che la superficie del corpo, che è detto bianco, è rilevata da piccole superficie quasi innumerevoli, le quali, avendo una natura quasi speculare, sono anche così disposte che alcune guardano da una parte e altre da un'altra, riflettendo tuttavia i raggi di luce che cadono su di esse non l'una verso l'altra, ma al di fuori verso l'occhio dell'osservatore. In questa rozza e generale spiegazione della bianchezza, sembra che oltre a quelle qualità, che sono comuni ai corpi di altri colori, come ad esempio la piccolezza e il numero delle parti superficiali, i due caratteri principali attribuiti ai corpi in quanto bianchi dovrebbero essere, primo, che le piccole protuberanze e le parti superficiali siano di natura alquanto speculare così che ciascuna di esse può, come piccoli specchi, riflettere i raggi che riceve (ossia la piccola immagine del sole che vi si forma) senza alterarli considerevolmente in altro modo; mentre nella maggior parte degli altri colori, occorre che siano cambiati di molto, venendo anche rifratti, ossia ritornando all'occhio mescolati con ombre o in qualche altro modo. E poi, che le sue parti superficiali siano situate in modo tale da non trattenere i raggi incidenti di luce riflettendoli al proprio interno, ma mandandoli quasi tutti indietro [...] [47].

Questa spiegazione della bianchezza risente molto vagamente dell'analoga spiegazione cartesiana data nel IX discorso delle *Météores*. È vero che entrambe hanno in comune il riferimento alla molteplicità delle superficie riflettenti dei corpi bianchi, come la schiuma, il vetro tritato, la neve e le nubi. Ma Descartes ritiene che il corpo bianco rifletta la luce in modo specifico, comunicando cioè alle sue parti una rotazione che procede in linea retta. Boyle ricorre a un principio elementare dell'ottica geometrica: i raggi di luce riflessi dalle *superficieculae* sono piccole immagini del sole! E poiché ogni piccola superficie riflette una singola immagine del sole, esse giungeranno all'occhio, data la disposizione irregolare delle superficie, in modo confuso come da uno specchio rotto. In questo modo il bianco è ridotto a una molteplicità di punti luminosi e tende a identificarsi con il colore proprio della luce: infatti se al sole e agli altri corpi luminosi « si dovesse attribuire un qualche colore in quanto sono luminosi, sembra che debba essere la bianchezza » [48]. Boyle viene qui guidato da una sorprendente analogia astronomica: come la via lattea appare bianca a occhio nudo, ma si rivela costituita da una moltitudine di piccole stelle se osservata con il telescopio, così perché non dovrebbe « essere possibile che il simile accada quando una moltitudine di luminosi e piccoli corpuscoli ammassati insieme sono tali da mandare simultaneamente vividi raggi all'occhio, anche se essi risplendono solo, come i pianeti, di luce riflessa? » [49].

Questa spiegazione della luce bianca, supportata da numerose prove sperimentali, poneva tuttavia problemi teorici di non lieve entità. Superato, infatti, il dualismo tra colori reali e apparenti o enfatici della dottrina tradizionale, Boyle era costretto a riconoscere una sostanziale differenza tra il bianco e il nero (comunemente considerati gli estremi della scala cromatica) e gli altri colori. La stessa spiegazione del nero sottolineava questa differenza. Se infatti il bianco consisteva nella semplice capacità del corpo di riflettere la luce secondo la disposizione delle proprie parti, il nero risultava essere, per contrarietà, una privazione del bianco. Conclusione arrischiata almeno per questo: che il bianco e il nero risultavano essere non già colori, ma variazioni della luminosità dei corpi. La perplessità di Boyle è evidente giacché la spiegazione del bianco e del nero, anziché costituire, come sperava, un modello per la spiegazione degli altri colori, diveniva autosufficiente e postulava un mondo ricco solo di toni grigi. Infatti: « [...] essendo il bianco e il nero ritenuti generalmente qualità contrarie, poiché il bianco dipende, come ho detto, dalla disposizione delle parti di un corpo a riflettere molta luce, sembra probabile che il nero possa dipendere da una disposizione contraria della superficie dei corpi neri: ma su ciò *non insisterò* » [50].

In realtà Boyle si trova, da un punto di vista teorico, in un vicolo cieco e a nulla gli vale la sospensione, più volte conclamata, delle ipotesi esplicative: « Ma mi accontenterò di aver proposto quest'ultimo modo di spiegare il nero, senza adottarlo o rifiutarlo in assoluto » [51]. Avendo identificato il bianco con la luminosità, Boyle si trova costretto a connotare il nero come oscurità. In questo modo, la stessa opposizione di contrarietà tra bianco e nero, così come era tradizionalmente intesa, viene a cadere, giacché la differenza tra bianco e nero diventa questione di grado e il passaggio dall'uno all'altro, attraverso i grigi intermedi, diviene continuo con il decrescere della luminosità riflessa. Nonostante la cautela teorica ostentata e l'esplicita dichiarazione di non insistere su questo aspetto, Boyle non può fare a meno di sviluppare in tutte le sue conseguenze il proprio assunto:

Quindi vediamo che se un corpo di un medesimo colore viene collocato parte ai raggi del sole e parte all'ombra, la parte che non è illuminata apparirà più affine (*kin*) al nero dell'altra, da cui rimbalza più luce verso l'occhio; e i colori scuri sembrano tanto più neri quanto minore è la luce in cui sono osservati; e noi riteniamo nere tutte le cose al buio, quando non mandano raggi che producano impressioni sugli organi della vista: cosicché le ombre e l'oscurità sono prossimi e affini (*near of kin*), e l'ombra, com'è noto, è solo una privazione della luce: *e di conseguenza il nero sembra derivare dalla scarsità dei raggi riflessi dal corpo nero verso l'occhio* [...] [52].

Tendendo a identificare il bianco e il nero con la luminosità e l'oscurità, cioè con la variazione quantitativa dei raggi di luce riflessi dalle parti del corpo, Boyle differenziava radicalmente la spiegazione dell'origine dei colori da quella dell'origine del bianco, del nero e dei grigi intermedi. Boyle, in verità, non era spinto a questa differenziazione solo per motivi teorici, cioè in conseguenza dell'ipotesi, per altro molto generale, con cui aveva spiegato il bianco. Questa ipotesi, di per sé, sarebbe stata insufficiente a fargli accettare il solco da lui stesso introdotto tra il bianco e il nero e tutti gli altri colori. Infatti, conformemente alla sua proposta metodologica, egli ritiene la propria ipotesi soltanto probabile. Al contrario è *matter of fact* che la mescolanza del bianco e del nero non produca alcun colore. Da qui la necessità di una spiegazione distinta dell'origine del bianco e del nero e degli altri colori.

Infatti ritengo probabile che il bianco e il nero possano essere spiegati dalla riflessione sola senza la rifrazione [...]; e d'altra parte dal momento che non ho trovato che da una qualsivoglia mescolanza (*mixture*) di bianco e vero nero (poiché vi è un nero bluastro che molti confondono con quello genuino) possa essere prodotto un blu, un giallo o un rosso, per non dire di altri colori; e dal momento che troviamo che questi colori possono essere prodotti nel prisma di vetro e in altri corpi trasparenti con l'aiuto delle rifrazioni, sembra che la rifrazione debba essere presa in considerazione nella spiegazione di quei colori alla cui generazione sembra concorrere, o facendo un'ulteriore o diversa mescolanza delle ombre con la luce rifratta, o in qualche altro modo di cui ora non sto a parlare [53].

L'indeterminatezza delle ipotesi esplicative rispetto alla *matter of fact* rivela ora tutta la sua debolezza euristica. Boyle è incapace di ragionare in modo stringente perché l'alone

| | *matter of fact* | ipotesi esplicative |
|---|---|---|
| luce | | 1. raggi composti di piccoli corpuscoli dotati di varie proprietà meccaniche (oltre alla rivoluzione o rotazione delle particelle, ammessa da Descartes, anche la loro velocità assoluta e il loro moto diretto o ondulatorio) |
| bianco e nero | nessun colore è prodotto dalla loro mescolanza | 2. riflessione dei raggi senza alterazione da parte della disposizione superficiale delle parti più o meno riflettenti dei corpi |
| colori corporei | prodotti per riflessione dai corpi | 3. variazione della quantità dei raggi riflessi (luce-ombra) e/o del grado di velocità e quindi del loro impulso sul sensorio |
| colori enfatici | prodotti per rifrazione nel prisma di vetro e in altri corpi trasparenti | 4. rifrazione con alterazione dei raggi che produce un'ulteriore o diversa mescolanza della luce e dell'ombra o in qualche altro modo. |

delle ipotesi esplicative intorno a ciò che è *matter of fact* non glielo consente. Ne consegue che Boyle non è in grado di espungere le ipotesi che sono in contraddizione con altre ipotesi più fortemente connesse alla *matter of fact*, ai dati sperimentali.

Se volessimo rappresentare schematicamente il rapporto tra la *matter of fact* e le ipotesi teoriche, con i loro legami forti o deboli, il quadro che ne esce (v. pag. precedente) ci mostra la situazione di stallo cui Boyle era prossimo al fine di ottenere una spiegazione unitaria dei colori coerente con i dati sperimentali.

L'ipotesi teorica più generale, che sottostava alle altre più specifiche, era la considerazione che i colori derivassero dalla mescolanza della luce e dell'oscurità, o piuttosto della luce e delle ombre. Questa ipotesi era stata calata in tutta la sua purezza nella spiegazione del bianco e del nero con la semplice aggiunta che la mescolanza della luce e dell'ombra avveniva in seguito a riflessione. Ne seguiva che il bianco puro corrispondeva alla luce stessa, e il nero puro all'oscurità. Ma Boyle aveva trovato che nessun colore nasce dalla mescolanza del bianco e del puro nero. Donde la conclusione paradossale che i colori, eccetto il bianco e il nero, non potevano essere prodotti dalla mescolanza della luce e dell'oscurità finché questa era ottenuta per riflessione. Ma l'esperienza attestava comunemente che i corpi colorati riflettevano luce anche se in minore quantità dei corpi bianchi, come Boyle stesso riporta di aver sperimentato [54]. Boyle avrebbe dovuto ammettere che la luce subiva un'alterazione prima ancora di essere riflessa dai corpi colorati. Abbiamo visto, infatti, che la luce riflessa dal bianco non è alterata dalla riflessione, ma deve esserlo e di molto quella riflessa dagli altri corpi colorati. Questa alterazione Boyle l'attribuisce alla rifrazione. Non è ben chiaro se la luce o i suoi raggi debbano essere rifratti prima di essere riflessi dai corpi colorati o dopo che lo sono stati. L'effetto poteva essere ragionevolmente il medesimo. È importante che Boyle si sia reso conto che la rifrazione doveva costituire la spiegazione non solo dei colori enfatici, ma anche di quelli cosiddetti reali. Il programma di Boyle, in realtà, è ancora all'interno dei limiti fissati da Descartes nel discorso VIII delle *Météores*, in cui viene frettolosamente osservato: « [...] mi pare risulti abbastanza evidente che non ci sia nulla più da ricercare neppure a proposito dei colori che gli altri oggetti fanno apparire: la comune esperienza, infatti, attesta che la luce o il bianco, l'ombra o il nero, con i colori dell'iride qui appena spiegati, bastano per formare tutti gli altri »[55].

Boyle, tuttavia, deve constatare che l'appello alla comune esperienza di Descartes è ottimistico oltre che generico. Per prima cosa, come si è visto, Boyle non riesce a produrre nessun colore mescolando il bianco e il nero. Le conseguenze, virtualmente rivoluzionarie, di questa affermazione non vengono tuttavia colte da Boyle, che si trova però costretto ad ammettere un'origine diversa del bianco e del nero da quella degli altri colori. Ma l'affermazione di Descartes contrastava con l'esperienza anche per un altro aspetto: nel corso dei suoi esperimenti con le iridi prismatiche, infatti, Boyle aveva constatato che la luce non si mescolava con i colori prismatici, ma li faceva scomparire. L'esperimento è il seguente: Boyle proietta l'iride prismatica sul pavimento, quindi, con l'aiuto di uno specchio metallico concavo riflette la luce bianca nel mezzo dell'iride: « [...] in questa parte soltanto i colori svanivano o erano resi invisibili, mentre quelle parti dell'iride che erano alla destra e alla sinistra della luce riflessa (che sembrava dividerli, e tagliare in due l'iride) continuavano a esibire gli stessi colori come prima. Ma su ciò non dobbiamo ora stare a speculare »[56].

Come era possibile che la luce, come voleva Descartes, si combinasse con i colori dell'iride per formare i colori che gli oggetti fanno apparire? Non solo dunque nessun colore veniva prodotto dalla mescolanza del bianco e del nero, ma il bianco, inteso come luce, non si combinava con i colori prismatici. E tuttavia Boyle si rifiuta di « stare a speculare »!

Risulta così evidente che la cautela teorica di Boyle lo conduce in realtà ad accettare i limiti imposti da Descartes alla soluzione del problema dei colori proprio come se non ci fosse « nulla più da ricercare », almeno per quanto riguardava gli elementi fondamentali della spiegazione. Boyle, è vero, arricchisce il quadro con una impressionante serie di esperimenti, in linea con la tradizione della storia naturale. Ma la sua debolezza speculativa (o la sua rinuncia a modificare la teoria) gli impedisce di intaccare profondamente la spiegazione cartesiana. Boyle si limita a modificare gli elementi meccanici impiegati da Descartes nella sua spiegazione, introducendo gradi differenziati di velocità delle singole particelle che comporrebbero i raggi di luce, in modo da variarne il colpo (*stroke*) o l'impulso (*appulse*) sull'occhio. In realtà, la spiegazione meccanicistica gli forniva un numero di elementi differenziali anche maggiore di quelli occorrenti in linea puramente teorica: se Descartes si era limitato a considerare la velocità o la lentezza della rotazione dei globuli rispetto al moto progressivo, cioè alla pressione, in cui la luce consisterebbe, Boyle allarga lo spettro e introduce, come si è visto, per prima cosa, la velocità assoluta dei corpuscoli di luce e ogni sua possibile gradazione nonché l'ordine con cui questi arrivano al sensorio; in secondo luogo, il loro eventuale moto diretto o ondulatorio. Boyle sta, in effetti, moltiplicando le ipotesi, o, se si preferisce, sta costruendo ipotesi *ad hoc*. Poiché, tuttavia, l'ipotesi generale che *tutti* i colori siano prodotti dalla mescolanza della luce e dell'oscurità (ossia delle ombre) non viene affatto sostituita da quelle sopra menzionate, queste ultime si rivelano ipotesi addizionali introdotte al fine di salvare la *matter of fact*, nel senso che tanto la diversa velocità e ordine dei corpuscoli di luce quanto il loro moto diretto o ondulatorio non hanno altro scopo che quello di introdurre una diversa mescolanza di luce e di ombre: i colori, appunto. Chi volesse tuttavia vedere in questo comportamento di Boyle una contravvenzione a una supposta regola aurea della scienza (così come verrà codificata in seguito dallo stesso Newton) perderebbe di vista il significato che Boyle attribuiva alla sua pratica scientifica legata alla tradizione della storia naturale: egli è interessato prima di tutto alla *matter of fact* e l'ineleganza o la ridondanza delle ipotesi teoriche lo lascia indifferente. È un fatto per Boyle che i colori non nascono da una mescolanza di bianco e di nero. Ed è un altro fatto che la luce non si compone con i colori dell'iride prismatica. La spiegazione cartesiana seguiva certamente la regola aurea di non moltiplicare le ipotesi, ma non rispettava i fatti. Descartes, d'altra parte, per quanto riguarda i colori è un rigoroso fenomenista: la luce resta essenzialmente immutata e le modificazioni che ci appaiono come colore non sono *reali* alterazioni della luce ma del suo tragitto attraverso i mezzi che la propagano, mantenendosi sempre il suo carattere peculiare: la pressione che giunge all'occhio. In questo senso, Descartes postula, in base alla sua stessa ipotesi sulla natura della luce, una continuità tra i fenomeni dei colori, per cui ciascuno poteva trasformarsi nell'altro in condizioni date. Certamente l'ipotesi di Descartes era elegante ed essenziale. Ma anche tendenzialmente oscurantista, risultando evidente « che non ci sia nulla più da ricercare ».

L'orientamento realistico di Boyle emerge, al contrario, a chiare lettere proprio nella posizione stessa del problema dei colori e nella sua sfiducia di poter ottenere una spiegazione perfetta della loro natura particolare:

Poiché al fine di una tale impresa [cioè, di una spiegazione perfetta della teoria della visione e dei colori], vorrei prima sapere *che cos'è* la luce, e se è un corpo (poiché sembra essere un corpo o il moto di un corpo) di quali specie di corpuscoli per grandezza e forma essa consiste, con quale velocità essi si muovono in avanti e ruotano intorno ai loro centri. Poi vorrei conoscere la *natura* della rifrazione, che io ritengo essere una delle cose più astruse (non per spiegarla in modo plausibile, ma per spiegarla in modo soddisfacente) in cui mi sia imbattuto in fisica. Vorrei inoltre conoscere quale specie e quale grado di mescolanza di oscurità od ombre sono prodotti dalle rifrazioni, o dalle riflessioni, o da entrambe, sulle particelle superficiali di quei corpi che, venendo illuminati, esibiscono *in modo costante* gli uni, ad esempio, un blu, gli altri un giallo e altri ancora un rosso. Vorrei inoltre conoscere perché la mescolanza (*contemperation*) di luce e ombra che è prodotta, ad esempio, dalla pelle di una ciliegia matura debba esibire un rosso e non un verde, e la foglia dello stesso albero debba esibire un verde piuttosto che un rosso. E poi, da ultimo, perché, dal momento che la luce che è modificata in questi colori consiste solo di corpuscoli mossi contro la retina o il midollo del nervo ottico, non vi debba semplicemente dare un colpo, ma produca un colore; mentre un ago che ferisse similmente l'occhio non produrrebbe colore, ma dolore. Queste e forse altre cose riterrei indispensabile conoscere, prima di credere di aver interamente compreso la *vera e completa natura* dei colori [...] [57].

Questo orientamento realistico resterà, anzi verrà accentuato, nei primi lavori di ottica di Newton. Non è inutile, tuttavia, sottolineare che l'orientamento di Boyle non è una mera contrapposizione al fenomenismo di Descartes e al suo

« nulla più da ricercare ». Esso si traduce in una affatto diversa valutazione del fenomeno stesso che è ricondotto, come un sintomo, ai suoi fondamenti reali, che, una volta scoperti, si rivelano essere disposizioni costanti e permanenti costitutive della realtà. Indicativa è, al proposito, la posizione di Boyle rispetto alla famosa controversia se i corpi continuino a essere colorati anche al buio, come riteneva la tradizione aristotelica, oppure no, come sostenevano gli epicurei e altri atomisti. Boyle riconosce che se il colore consiste propriamente in una modificazione della luce, non si può certo pensare che possa sussistere al buio, dove si suppone che non vi sia luce affatto.

D'altra parte, se il colore fosse considerato come una certa *disposizione costante* delle parti superficiali dell'oggetto a disturbare la luce che riflettono in una *determinata* maniera così e così, questa *costante disposizione* (se così posso dire) *modificante* perseverando nell'oggetto, sia che venga illuminato o no, non sembra che ci sia una giusta ragione di negare, ma solo in questo senso, che i corpi mantengono il proprio colore nella notte quanto nel giorno; o per parlare in altro modo, si può dire che i corpi sono potenzialmente colorati al buio, e attualmente alla luce [58].

Analoghe considerazioni e analoghe difficoltà, aggiunge Boyle, possono essere avanzate a proposito delle qualità fisiche in generale.

Sottolineando la costanza delle disposizioni fisiche che danno origine alle qualità fenomeniche, Boyle negava di fatto che la natura del colore, come aveva affermato Descartes, consistesse nella pura apparenza. La spiegazione cartesiana riempiva il mondo di colori fatui la cui permanenza, in un mondo continuamente soggetto a correnti di movimento in perpetua interferenza, era poco meno che miracolosa. Non solo, dunque, Boyle ricerca le disposizioni costanti che sorreggano le qualità fenomeniche, ma è irresistibilmente portato ad attribuire alle modificazioni stesse prodotte da queste disposizioni costanti un grado di permanenza che è mantenuto anche dal colore in quanto fenomeno. In altre parole, se il colore, rispetto all'oggetto, è una costante disposizione modificante, che possiede una propria realtà nella struttura superficiale delle parti del corpo, rispetto alla luce esso va inteso come una modificazione altrettanto costante, che possiede a sua volta una propria realtà nel diverso ordine o grado di velocità dei corpuscoli che compongono il raggio così modificato. La luce contiene, quindi, a sua volta delle disposizioni reali (« una *disposizione* ad alterare la velocità, la rotazione, o l'ordine e il modo dell'impulso all'occhio dei corpuscoli riflessi, che *componevano* i raggi incidenti di luce » [59]) che si liberano o si manifestano a contatto con le disposizioni modificanti dei corpi. I colori, dunque, rappresentavano un caso particolare di interazione tra corpi reali, a cui seguiva la produzione di qualità costanti e discrete. L'ostacolo principale che Boyle doveva superare per poter rendere plausibile la sua concezione era la tradizionale distinzione tra colori reali ed enfatici, che si fondava proprio sulla considerazione della permanenza dei primi e della caducità dei secondi.

Della più grande importanza nella ricerca della natura dei colori è la controversia se quelli dell'arcobaleno, e quelli che spesso si vedono nelle nubi, prima del sorgere e dopo il tramontare del sole; in una parola, se quegli altri colori che si è soliti chiamare enfatici, dovrebbero o non dovrebbero essere considerati veri colori. Non occorre che vi dica che la risposta negativa è l'opinione comune, specialmente nelle scuole, come può apparire da quella grossolana distinzione dei colori per la quale questi che consideriamo sono denominati apparenti, per opposizione a quelli che nell'altra parte della distinzione sono chiamati veri o genuini. Questo problema, dico, mi sembra importante, sotto questo riguardo, che essendo comunemente concesso (oppure, abbastanza facile da provare) che i colori enfatici sono la luce stessa modificata principalmente dalle rifrazioni, con la concomitanza a volte delle riflessioni, e forse di qualche altro accidente dipendente da queste due; se si chiarisse che questi colori enfatici sono genuini, sembrerà conseguente che i colori, o almeno parecchi di essi, sono soltanto luce diversificata, e non qualità così reali e inerenti come comunemente si pensa che siano [60].

Come possono dunque i colori enfatici essere veri colori senza essere qualità reali e inerenti? Accettata, tuttavia, l'ipotesi generale che i colori siano la luce stessa nelle modificazioni che essa subisce da parte dei corpi, per quale motivo si dovrebbero considerare reali soltanto i colori ottenuti per riflessione rispetto a quelli ottenuti per rifrazione? Al contrario, se il « colore (quando la parola è intesa nel suo senso più proprio) è soltanto luce modificata, ci sarà ben poca ragione di negare che questi sono veri colori, i quali più manifestamente degli altri rivelano di essere prodotti per diversificazione della luce » [61]. Come si vede, Boyle è sulla via di capovolgere il tradizionale rapporto tra colori apparenti e reali. Inoltre, quanto alla durata, anche i colori prismatici, fatte salve le condizioni del loro prodursi, durano quanto, e anche più a lungo, di certi colori reali.

La realtà dei colori enfatici è, infine, assicurata dalla permanenza delle modificazioni introdotte durante la rifrazione, tanto che possono essere composti l'uno con l'altro come avviene per quelli riconosciuti genuini. Bisogna dunque riconoscere che la luce viene veramente modificata, e che conserva queste modificazioni al punto da poter essere riflessa continuando a esibire i colori ad esse corrispondenti.

È per questo motivo, appunto, cioè per la reale permanenza delle sue modificazioni, che non rimane traccia di colore sulla parete che accoglie un'iride prismatica: « Né seguirà che, poiché non resta alcuna traccia di colore sull'oggetto, quando il prisma è rimosso, il colore non fosse perciò reale, poiché la luce era *veramente modificata* dalla rifrazione e dalla riflessione che aveva subito nel suo passaggio attraverso il prisma: e l'oggetto nel nostro caso fungeva da corpo speculare per riflettere quel colore verso l'occhio » [62].

Il colore prismatico rivelava così insospettate proprietà: poteva essere composto e riflesso senza perdere la propria disposizione, fosse questa un'alterazione della velocità o una rotazione dei corpuscoli o un diverso ordine e modo di colpire l'occhio. Al proposito, Boyle riferisce un esperimento con il prisma che attestava una sorprendente permanenza dei colori dell'iride prismatica sottoposti a perturbazioni meccaniche di ogni genere, rifrazione compresa:

[...] l'iride prismatica (se posso chiamarla così) potrebbe essere riflessa senza perdere nessuno dei suoi diversi colori (poiché non prendiamo in considerazione ora il loro ordine) non solo da uno specchio piano e da una calma superficie di acqua chiara, ma anche da uno specchio concavo; e la rifrazione distruggeva altrettanto poco questi colori quanto la riflessione. Infatti con l'aiuto di una larga lente ustoria (doppio convessa), mediante la quale rifrangevamo i raggi, abbiamo trovato che una parte dell'iride potrebbe essere fatta apparire o al di là o al di qua delle altre parti della stessa iride; ma tuttavia gli stessi vividi colori apparirebbero nella parte (per così dire) spostata, come nell'altra [63].

Questa invariabilità dell'iride prismatica, pur sottoposta a notevoli cambiamenti meccanici, attestava che le modificazioni acquisite durante la prima rifrazione erano vere, cioè si manifestavano come disposizioni costanti.

Un segno indiretto di questa loro realtà derivava anche dall'unicità della loro genesi e dal fatto, sia pure negativo, che non potevano essere derivate da nessuna mescolanza di bianco e di nero. Quest'ultima circostanza, anzi, riceveva una brillante giustificazione da un altro esperimento che attestava inequivocabilmente che non si trattava di colori composti, ma semplici ed omogenei. Infatti:

[...] avendo, dopo aver coperto il lato del prisma rivolto verso il sole con un corpo opaco, in cui era stato lasciato solo un piccolo foro per lasciarvi passare la luce, ridotto l'iride prismatica (proiettata su un foglio bianco) in uno spazio molto ristretto e avendola osservata con un microscopio, i colori apparivano gli stessi quanto a specie come quando erano osservati a occhio nudo [64].

Che poi questi colori non siano di specie differente da quelli che si osservano negli oggetti colorati, solo perché non lasciano traccia sui corpi, Boyle argomenta in modo piuttosto curioso:

[...] considera che cosa accade di solito nelle camere oscure, dove una parete, o un altro corpo convenientemente posizionato, può riflettere i colori dei corpi fuori della stanza così che possono essere molto chiaramente percepiti e distinti; e tuttavia si dà per scontato che i colori che si vedono nella camera oscura, sebbene non lascino traccia di sé sulla parete o sul corpo che li riceve, sono i veri colori degli oggetti esterni, insieme ai quali i colori delle immagini si muovono o si arrestano [65].

Il paragone non suggerisce altro a Boyle tranne il fatto che in entrambi i casi i colori conservavano le proprie caratteristiche o disposizioni indipendentemente dagli oggetti. Siamo indubbiamente di fronte a una soluzione doppiamente realistica: gli oggetti possiedono una disposizione costante a modificare la luce, e in questo senso sono colorati e tendono a mantenere il loro colore se esposti alla luce; a loro volta, i raggi di luce hanno una disposizione ad essere modificati (colore in senso proprio) a contatto con i corpi che li riflettono o li rifrangono. Non solo le disposizioni degli oggetti, ma anche quelle dei raggi hanno un alto grado di permanenza, connessa, in ultima analisi, con la composizione fisico-chimica dei corpi o con le variazioni meccaniche dei corpuscoli luminosi. Ogni cambiamento di colore, nei corpi cosiddetti colorati o nei colori prismatici, implicava un correlativo cambiamento della struttura della materia, ossia una trasposizione delle sue parti o un'alterazione delle caratteristiche meccaniche dei raggi di luce o entrambe. Su questa base, Boyle correttamente conclude che alcuni colori ottenuti mediante un rivelatore possono indicare la presenza di componenti chimiche come i sali acidi e quelli alcalini [66].

Le difficoltà del problema dei colori derivavano dunque dal fatto di dovere indagare contemporaneamente la costituzione della materia e quella della luce nonché la loro complessa interazione. Alcuni colori, poi, ad esempio i verdi composti, sembravano derivare da una combinazione delle azioni o degli impulsi (*strokes*) sulla retina dei colori che li componevano, mostrando dunque un'origine meramente fisiologica data dall'incapacità della retina di percepire distintamente due impulsi molto vicini. Questi colori, infatti, osservati al microscopio, si rivelavano un aggregato di punti di colori distinti, gialli e blu nel caso del verde, confusamente mescolati insieme. Boyle si collega manifestamente alla pratica dei pittori che producevano, mescolando i pigmenti, tutti i colori che volevano, per alcuni dei quali non si aveva neanche il nome. Ma Boyle non dedica troppo tempo a questo soggetto, limitandosi a riportare le composizioni più note.

Boyle, come si è accennato, osserva i colori prismatici al microscopio e li trova semplici. Questo fatto lo spinge a tentarne la composizione, sia tra di loro che con quelli considerati reali. Il suo intento principale, tuttavia, è quello di fornire una base sperimentale sufficiente a confutare la dottrina scolastica che aveva posto una netta distinzione tra colori reali o genuini e apparenti o enfatici. Boyle si accontenta, quindi, di mostrare che i colori prismatici si compongono tra loro e con quelli reali producendo gli stessi colori composti che si ottengono mescolando pigmenti dello stesso colore. Così « per prima cosa, avendo con il passaggio dei raggi solari attraverso un prisma di vetro proiettato un'iride sul pavimento, ho trovato che collocando un vetro blu a una distanza conveniente tra il prisma e l'iride, la parte dell'iride che era prima gialla, può esser fatta apparire verde, sebbene non verde erba, ma un verde più diluito e giallastro » [67]. A questo punto, Boyle coglie un'analogia che avrebbe potuto porre in dubbio la sua precedente osservazione sull'omogeneità dei raggi prismatici, almeno per alcuni di essi: « E non sembra improbabile che la stretta linea verde (se così posso chiamarla) che si è soliti vedere tra le parti gialle e blu dell'iride sia prodotta dalla confusione di questi due colori confinanti » [68]. Ma Boyle sta probabilmente pensando a quel fenomeno di confusione retinica che si evidenziava così chiaramente mescolando pigmenti gialli e blu, e l'osservazione gli serve come ulteriore supporto per la sua tesi che negava la distinzione tra colori reali e apparenti.

È singolare, in realtà, come la negazione di questa distinzione, che poteva attribuire agli esperimenti con il prisma un valore di indagine sulla natura dei colori mai prima posseduto, si esaurisca, in un certo senso, nell'illustrazione di se stessa. Tutti gli esperimenti con il prisma, infatti, condotti da Boyle, ritornano monotonamente sullo stesso assunto: i colori ottenuti mediante il prisma sono reali, o addirittura, come si è visto, più reali degli altri, manifestandosi meglio in essi quella diversificazione della luce in cui consisterebbe più propriamente il colore. Ma Boyle è restio a usare il prisma come strumento d'indagine al di fuori del limite autoimposto di addurre le prove della realtà dei colori così prodotti, nonostante la sua apertura programmatica sia forse falsamente dubitativa: « Il prisma di vetro triangolare è lo strumento sui cui effetti possiamo assai comodamente speculare sulla natura dei colori enfatici (e forse anche su quella degli altri) » [69]. In realtà, la conclusione di Boyle è teoricamente assai povera, giacché si limita a suggerire che sia i colori genuini che quelli cosiddetti enfatici sono diversificazioni o alterazioni della luce, i secondi mediante la notevole azione della rifrazione, i primi mediante azioni che produrrebbero effetti analoghi (riflessione differenziata, trasparenze parziali ecc.).

I dati sperimentali di Boyle, rispetto alla soluzione teorica generale, sono certamente più ricchi e soprattutto più problematici. Tuttavia proprio gli esperimenti con il prisma sono appiattiti dall'intento polemico di Boyle, che non porta avanti, ad esempio, gli esperimenti di composizione dei colori prismatici oltre l'assunto che si era prefisso di provare.

Il passo seguente mostra a sufficienza il modo di procedere di Boyle:

> Ma può sembrare ancora più strano [del fatto che la parte gialla dell'iride cadendo su un blu vivo appaia verde] che sebbene l'iride prismatica, prodotta per rifrazione della luce attraverso un corpo del tutto privo di colore, debba, secondo la dottrina della scuola, consistere di colori enfatici i più puri possibile, tuttavia anche questi possono essere composti l'un l'altro, proprio come i colori reali nei più grossolani pigmenti. Infatti una volta mi procurai due prismi triangolari, e posto uno di essi in una posizione fissa, cosicché l'iride che proiettava sul pavimento non potesse oscillare, gettai sullo stesso pavimento un'altra iride con l'altro prisma, e muovendolo avanti e indietro per portare quella parte della seconda iride che volevo, a cadere su quella parte della prima che ritenevo adatta, in questo modo abbiamo ottenuto a volte (perché un piccolo errore è sufficiente per impedire il successo) un colore verde in quella parte dell'iride più stabile che prima era gialla, o blu; e spesso gettando quei raggi che in una delle iridi producevano il blu sulle parti rosse dell'altra iride, riuscimmo a produrre un bel porpora, che potevamo distruggere o ricomporre a piacere, separando e riaccostando i bordi delle due iridi [70].

Che cosa intende dire Boyle quando sottolinea il fatto che un piccolo errore è sufficiente per impedire il successo? Nonostante la descrizione sommaria dell'esperimento (Boyle non dà, ad esempio, nessun dato metrico concernente la posizione dei prismi e le distanze degli spettri, proiettati sul pavimento, rispetto ai prismi stessi), è possibile, sulla scorta dei risultati raggiunti, ricostruire con buona approssimazione la dinamica dell'esperimento.

L'iride prismatica presentava, secondo Boyle [71], cinque

colori fondamentali consecutivi: 1 rosso, 2 giallo, 3 verde, 4 blu, 5 porpora. Supponendo che lo spettro proiettato dal primo prisma posto in posizione fissa, desse i colori in questo ordine:

```
5 P
4 B
3 V
2 G
1 R
```

per ottenere il primo risultato Boyle doveva parzialmente sovrapporre il secondo spettro al primo, e il modo più semplice di farlo sarebbe stato il seguente:

```
5 P
4 B
3 V    5 P
2 G ← 4 B
1 R    3 V
       2 G
       1 R
```

La parte gialla del primo spettro (2 G) sarebbe così apparsa verde. Boyle però aggiunge che poteva apparire verde anche la parte blu del primo spettro (4 B), il che implicherebbe la sovrapposizione seguente:

```
       5 P
       4 B
5 P    3 V
4 B ← 2 G
3 V    1 R
2 G
1 R
```

Per ottenere i due risultati con un unico movimento avanti-indietro, Boyle avrebbe dovuto sovrapporre i due spettri per tutta la loro lunghezza e ben difficilmente avrebbe potuto non scorgere il riformarsi del bianco in una qualche zona centrale. Naturalmente Boyle avrebbe potuto incrociare i due spettri, ma in questo caso avrebbe avuto bisogno di una fonte luminosa supplementare (ma che l'esperimento sia condotto sui raggi di sole è chiaro dal contesto) e inoltre non gli sarebbe bastato un unico movimento avanti-indietro. Escludendo che si tratti di un esperimento mentale, dato il suo valore di prova nei confronti di uno degli assunti fondamentali dell'opera di Boyle (il riconoscimento della realtà dei colori enfatici), non resta che concludere che fu proprio tale assunto a selezionare quegli aspetti dell'esperimento che lo confermavano. La comparsa del colore bianco, infatti, cioè la scomparsa dei colori prismatici, in seguito alla loro sovrapposizione, avrebbe posto un serio sospetto proprio sulla non enfaticità di quei colori. Fu forse la reticenza di Boyle su questo punto (« un piccolo errore è sufficiente per impedire il successo ») a colpire, come si vedrà in seguito, il giovane Newton, che annoterà la propria intenzione di rifare l'esperimento.

L'importanza del lavoro di Boyle nella ricerca sulla natura dei colori non è mai stata sottolineata nel suo giusto aspetto, non solo nei confronti di Newton ma soprattutto nei confronti di Descartes. La dottrina cartesiana dei colori forniva una spiegazione talmente generale da non risultare di alcuna utilità di fronte alla grande massa di osservazioni chimiche, fisiche e fisiologiche accumulate e tramandate dai ' curiosi ' della natura. La spiegazione meccanicistica, d'altra parte, introdotta da Descartes sembrava offrire, proprio per la sua generalità, una flessibilità e una capacità di adattamento ai fatti di gran lunga superiore alle dottrine rivali, in particolare a quella aristotelica delle forme sostanziali o a quella chimica dei princìpi ipostatici. Boyle, come si è visto, innesta il meccanicismo cartesiano su una concezione della materia atomistica e corpuscolare anziché continuistica.

Il risultato più importante ottenuto da Boyle, per lo sviluppo successivo della ricerca, fu tuttavia di tipo metodologico. Rifiutando di attribuire alle ipotesi un valore determinante, Boyle recuperava tutte le possibilità euristiche di quel metodo degli astronomi o metodo della finzione, cui si era richiamato anche Descartes. La lezione metodologica di Boyle, come si è visto, fu appresa da Newton e sviluppata ben al di là dell'ambito concernente la natura dei colori. Gli aspetti metodologici della ricerca sperimentale e teorica di Boyle hanno tuttavia un rilievo « negativo » rispetto alle successive scoperte teoriche di Newton, nel senso che ne costituirono unicamente le condizioni di possibilità o di sviluppo. Nonostante ciò, Boyle non può, nel senso esatto del termine, essere considerato un precursore di Newton. Per quanto concerne l'invenzione teorica, Boyle è piuttosto l'epigono di Descartes. La *Experimental History of Colours* non si propone di raggiungere una nuova teoria dei colori: la proposta teorica di Boyle è quella di sospendere le congetture teoriche. A questo scopo, in pratica, Boyle si limita a rendere molto più generale la dottrina meccanicistica di Descartes, svuotandola, per così dire, della sua determinatezza per evitare che la teo-

| | Colore | |
|---|---|---|
| come modo dei corpi | come modo della luce | come modo del sensorio (occhio, retina, nervo ottico) |
| | Congetture generali | |
| costante disposizione modificante | disposizione ad alterare le caratteristiche meccaniche dei raggi, ossia dei corpuscoli che li compongono | impulsi (*appulses, strokes*) percepiti come colore |
| la materia è composta di corpuscoli che agiscono in superficie riflettendo e all'interno rifrangendo i corpuscoli luminosi | modificazioni dei raggi durante la riflessione e la rifrazione | colori permanenti dei corpi nonché di quelli prodotti dai prismi e altri corpi trasparenti |
| | ipotesi aggiuntive, indeterminate quanto al valore di verità | |
| parti superficiali dei corpi di natura speculare (più o meno) e disposte in modo particolare da respingere i raggi verso l'esterno o l'interno | 1 — mescolanza di luce e ombra, cioè quantità dei raggi riflessi (senza alterazione) (con alterazione) | bianco e nero colori dei corpi |
| | o rifratti rispetto a quelli interrotti | colori prismatici |
| | 2 — variazione o alterazione della rotazione dei corpuscoli<br>3 — della loro velocità assoluta<br>4 — della direzione del loro moto | variazione della forza dell'impulso secondo l'ordine e il grado di velocità con cui i corpuscoli giungono al sensorio |

ria operi una riduzione sui dati sperimentali altrimenti significativi. In questo modo, Boyle recupera tutta la ricchezza della tradizione della storia naturale. Ma per evitare che la teoria determini i fatti, Boyle si pone nella condizione di non riuscire più a determinare la teoria mediante i fatti. In altre parole, Boyle non riesce a *provare* nessuna teoria, ottenendo in compenso una molteplicità di spiegazioni deboli che salvavano una grande massa di osservazioni e di esperienze. Il complesso di queste spiegazioni è di tipo meccanicistico e la loro subordinazione risulta abbastanza chiara almeno rispetto all'ipotesi fondamentale, più volte ribadita da Boyle, che il colore altro non sia che una modificazione della luce. Sinotticamente le spiegazioni introdotte da Boyle, a vari livelli di generalità, possono essere raggruppate come nella tabella sulla pagina precedente. Questa molteplicità di congetture, il cui legame con i fatti è lasciato ampiamente indeterminato, nonché l'eccessiva vaghezza di alcuni termini impiegati (in particolare l'uso del termine ' disposizione ' con l'esplicito riferimento al rapporto potenza-atto), non indica tuttavia una debolezza speculativa, ma una precisa scelta. Boyle stesso espone il senso di questa scelta con grande chiarezza, difendendo la propria dottrina dell'elasticità e del peso dell'aria dagli attacchi congiunti di Linus e di Hobbes:

[...] il mio principale intento non è stato quello di stabilire teorie e princìpi, ma quello di progettare esperimenti, e arricchire la storia della natura con osservazioni compiute ed esposte fedelmente, cosicché con questi e simili contributi, gli uomini possano con il tempo avere una base sufficiente di esperimenti su cui fondare le ipotesi e le teorie. E sebbene [...] abbia azzardato alcune congetture per quanto concerne anche le cause dei fenomeni che riferisco, nondimeno il discorso apparirebbe ai lettori indagatori troppo povero (*jejune*); tuttavia [...] ho proposto i miei pensieri solo come congetture intese (non soltanto, ma principalmente) a eccitare la curiosità degli uomini ingegnosi, e a fornire qualche spunto e aiuto alle disquisizioni di quelli speculativi. E di conseguenza non ho evitato di menzionare diverse cose, che i lettori di giudizio possono facilmente intendere che avevo previsto, e che molti penserebbero sfavorevoli alle opinioni verso cui ero inclinato. Cosicché per me lasciare gli studi sperimentali per le controversie, era una via inadatta alla prospettiva principale dei miei scritti [72].

Queste parole si applicano altrettanto bene alla *Experimental History of Colours*, che contiene affermazioni analoghe [73]. Si è visto del resto che la povertà teorica del discorso di Boyle non era data dalla scarsità delle congetture, ma dalla loro indeterminatezza rispetto agli esperimenti. Inoltre la discussione condotta direttamente come confutazione dialettica della teoria avversata (la controversia), è esplicitamente abbandonata. Questo atteggiamento, tuttavia, lasciava irrisolto il problema, in un certo senso opposto a quello cartesiano, non già di salvare i fenomeni, ma di salvare le ipotesi. Come era possibile costruire « con sicurezza una solida teoria » [74] sulla base di una storia sperimentale che poteva essere collegata vagamente a una molteplicità di ipotesi esplicative, non necessariamente in accordo tra loro né con tutti i fatti (« diverse cose [...] sfavorevoli alle opinioni cui ero incline »)? Boyle sostiene che il suo lavoro è soltanto l'inizio di una storia dei colori: quando sarebbe finita? Boyle non è certamente incline a rispondere: mai. Anzi, come si è visto, stabilisce le condizioni necessarie per avere una teoria della visione e dei colori non solo plausibile, ma soddisfacente. Queste condizioni costituiscono, a tutti gli effetti, il programma reale, ossia « la prospettiva principale » del lavoro di Boyle. L'orientamento di questo programma è manifestamente antifenomenistico, si riferisce cioè alla possibilità di scoprire la vera natura delle cose e i reali rapporti che sussistono tra di esse. Sostengo che questo programma è la condizione necessaria delle successive scoperte di Newton, e che ne rappresenta anche il significato principale. Inoltre che il metodo boyliano della generalizzazione delle ipotesi esplicative al fine di non determinare l'esperienza è sufficiente a comprendere il modo di operare di Newton sino alla scoperta della sua nuova teoria della luce e dei colori, scoperta che si accompagna a un nuovo e più ricco orientamento metodologico (con l'assunzione della matematica come strumento di ricerca fisica).

Per tornare al primo punto, cioè alla « prospettiva principale » di Boyle, e non lasciarla nel vago, anche per poter controllare in che misura è connessa con l'opera di Newton, è forse conveniente riprendere il testo già citato [75], e considerare le condizioni qui esposte per avere una spiegazione perfetta della teoria della visione e dei colori, sotto forma di domanda:

1. Che cos'è la luce?

1.1 Se è un corpo, che grandezza e forma hanno i corpuscoli che la compongono?

1.2 Con quale velocità si muovono (lineare o rotatoria)?

2. Qual è la natura della rifrazione?

3. Perché i corpi esibiscono un colore costante?

4. Come varia la luce per produrre i vari colori?

4.1 Perché i colori sono vari?

5. Perché il sensorio (la retina e il nervo ottico) avverte il colpo prodotto dal movimento dei corpuscoli come colore, anziché come dolore?

La risposta a queste domande implicava una ricerca sulla natura dei corpi, su quella della luce e su quella del sensorio, nonché sulle loro interrelazioni. La molteplicità delle congetture proposte da Boyle, come si è visto, si articolava su queste tre direzioni della ricerca. Ma la generalità delle congetture e la loro ridondanza impediva una risposta precisa in una qualunque delle direzioni indicate. Come Boyle stesso è consapevole, le congetture avanzate hanno solo un valore problematico rispetto alla *matter of fact*, e la loro plausibilità non implica necessariamente la loro verità. Non per questo tuttavia Boyle abbandona il piano della verità o confonde ciò che è plausibile con ciò che è soddisfacente. Finché le congetture sono soltanto probabili, la storia sperimentale deve continuare. Boyle spera che la maggior conoscenza dei dati sperimentali possa fornire un fondamento sempre più sicuro alle ipotesi teoriche. Ma questa speranza non fa che spostare il problema, perché non elimina il rapporto problematico tra le ipotesi e i fatti. Se il « nulla più da ricercare » di Descartes, conseguente alla sua scelta fenomenistica, bloccava la ricerca sperimentale, la problematicità teorica di Boyle rischiava di rendere sterile o povero (*jejune*) il « discorso ».

Una conseguenza di questo atteggiamento era la inclinazione di Boyle ad accettare anche i fatti che non ricevevano spiegazione o che erano addirittura in contrasto con le opinioni ( le ipotesi e le teorie) ritenute probabili. Tutto ciò era, dopotutto, proprio il segno dell'imperfezione della teoria. Boyle si priva così della possibilità di selezionare, almeno in una certa misura, le proprie stesse congetture, se non quelle degli altri. Inoltre, mantenendo in questo lo stile caratteristico degli scrittori di storia naturale, Boyle si limita nella *Experimental History of Colours* a riportare gli esperimenti senza alcun ordine particolare, limitandosi a dividere quelli concernenti la natura del bianco e del nero da quelli dedicati promiscuamente agli altri colori (reali e enfatici). La divisione corrisponde certamente al grado di probabilità teorica che Boyle ritiene di aver raggiunto nella spiegazione delle rispettive cause, ma non c'è alcun tentativo di connessione tra le due serie di esperimenti e nemmeno tra le ipotesi di volta in volta avanzate. Gli esperimenti si susseguono per similarità degli apparati impiegati o per le analogie dei risultati, ma non corrispondono a una linea teorica ben precisata. Ciò produce a volte forti scompensi tra le ipotesi avanzate e gli esperimenti. Un lettore acuto non avrebbe mancato di coglierli.

## Capitolo secondo
# VERSO LA SCOPERTA

### 1. *Le fonti*

1. Un taccuino di Newton studente a Cambridge conserva un *Commonplace book* dal titolo *Qu[a]estiones quaedam Philosophiae* (corretto, probabilmente in seguito, in *Philosoph[i]cae*), ora edito con un ricco commentario da J. E. McGuire e M. Tamny [1]. La pratica del *Commonplace book* era allora, e lo sarà per tutto il Settecento, alquanto diffusa sia nell'uso didattico che nello studio personale [2]. Il *Commonplace book* differiva da un comune taccuino di appunti perché constava di un certo numero di voci, poste generalmente in ordine alfabetico, che venivano preimpostate, lasciando, a seconda dell'importanza che si attribuiva all'argomento, un congruo numero di pagine bianche di volta in volta riempite con estratti, note e commenti originali che si riferivano a quella voce. Molto spesso, nel corso delle letture, venivano aggiunte altre voci o alcune erano riprese per mancanza di spazio, mentre altre campeggiavano su pagine vuote. Nelle *Quaestiones* Newton non segue un ordine alfabetico, per cui aggiunge un indice iniziale (« A Table of the Things Following »). Diciotto di queste voci corrispondono ad altrettanti capitoli della *Physiologia Epicuro-Gassendo-Charltoniana* di Walter Charleton (London, 1654) [3]. Le *Quaestiones* furono composte in un periodo di tempo piuttosto breve: iniziate probabilmente nei primi mesi del 1664 occuparono Newton fino al 5 aprile del 1665, data in cui fu annotata la posizione di una cometa e che rappresenta verosimilmente una delle ultime annotazioni del *Commonplace book*.

Le voci più ampie e sviluppate sono *Of Colours* e *Of Motion*, indubbio indizio degli interessi salienti di Newton.

La cronologia interna delle singole voci, dato il breve periodo di composizione delle *Quaestiones*, ha un interesse solo relativo, mentre in alcuni casi sarebbe utile individuare gli apporti successivi alle singole voci e le eventuali interpolazioni successive [4].

Dato il particolare carattere di un *Commonplace book*, che cresce nel tempo in modo discontinuo e occasionale e non consente l'articolazione della materia secondo un piano finalizzato, come si può ritrovare in un saggio, il suo uso per ricostruire il pensiero del giovane Newton richiede molta cautela. Bisogna guardarsi, ad esempio, dal considerare le *Quaestiones* un'opera in se stessa compiuta, che contenga un programma di ricerca preciso [5]. Al contrario, come altri scritti analoghi, ad esempio il commentario-estratto della *Micrographia* di Hooke [6] steso da Newton probabilmente poco dopo le *Quaestiones*, il taccuino di Cambridge può indicare soltanto le tendenze della ricerca e gli interessi di Newton, nonché le sue riflessioni e i suoi tentativi di dominare la materia che egli via via attingeva dalle sue fonti e dagli esperimenti che veniva compiendo (sia detto per inciso che gran parte dei dati sperimentali riportati nelle *Quaestiones* sono ripresi dalle fonti e non ottenuti rifacendo gli esperimenti). Carattere in parte diverso ha la sezione *Of Colours* del MS Add. 3975, che si presenta come un trattatello sui colori di forma compiuta steso sul materiale stesso delle *Quaestiones*, rielaborato e integrato. Come genere letterario, il trattatello *Of Colours* [7] è chiaramente ispirato alla storia sperimentale e fu composto probabilmente nel 1666 o poco dopo.

Un altro testo di rilevante interesse, e tuttora inedito, si trova in un taccuino di annotazioni matematiche (MS Add. 4000, ff. $26^{r}$ - $33^{v}$) ed è dedicato al problema della rifrazione e della molatura delle lenti in connessione alle concezioni esposte da Descartes nella *Dioptrique*.

La teoria matura dei colori di Newton si trova tuttavia nel MS Add. 4002 (1670) [8] che espone tutta la materia sotto forma di lezioni, probabilmente mai lette a nessun pubblico di studenti. Solo in riferimento a questo testo, l'intera serie di ricerche e di riflessioni iniziate da Newton sul problema della luce e dei colori nelle *Quaestiones* e continuate negli altri scritti citati, acquista un significato teorico definito. Anche il problema delle fonti, inteso non come meccanico riconoscimento delle citazioni dirette o indirette delle opere altrui compiute da Newton, può essere risolto solo rispetto alla teoria compiuta. Infatti il rilievo e l'importanza di un'idea scientifica o metodologica si misurano soprattutto con l'efficacia che esse hanno mantenuto, nel corso di successive trasformazioni che non ne hanno cancellato la fisionomia, anche dopo la nascita della nuova teoria. Con ciò si vuole suggerire che ogni scoperta scientifica è un processo razionale che dipende da condizioni culturali determinate e storicamente individuabili, anche se non sempre, come nel caso di Newton, è possibile ricostruire gran parte delle fasi della elaborazione di una nuova teoria in base ai documenti superstiti.

Il seguente quadro fornisce l'elenco dei manoscritti in ordine cronologico (congetturale) che attestano le ricerche di Newton sui colori e sulla luce di cui ci occuperemo nelle prossime pagine.

| | | |
|---|---|---|
| 1 | *Quaestiones quaedam philosophiae* (MS Add. 3996) | 1664 |
| 2 | MS Add. 4000, ff. $26^r$ - $33^v$ | 1664/65 o 1665/66 |
| 3 | *Out of Mr Hooks Micrographia* (MS Add. 3958, ff. 1-2) | 1665 (?) |
| 4 | *Of Colours* (MS Add. 3975, ff. 1-22) | 1666/1668 (?) |
| 5 | MS Add. 4002 (*Lectiones Opticae*) | 1670/1672 |

Il problema più spinoso posto da questi testi, soprattutto i primi tre, è l'intreccio tra note o brevi estratti e commenti originali. Newton ha l'abitudine di contrarre i testi che cita, evidenziando questo o quell'aspetto che più lo interessa, a volte intercalandoli con proprie osservazioni. Raramente viene indicata la fonte utilizzata, soprattutto nelle *Quaestiones*. L'atteggiamento critico e problematizzante è una costante facilmente riscontrabile in questi primi scritti, che non si traduce solamente in critiche esplicite ma assume spesso la forma della domanda. Sono proprio questi complessi intrecci tra note, commenti, osservazioni, critiche e domande che producono delle trasformazioni spesso nodali per gli sviluppi successivi della ricerca, tanto da far passare in secondo piano la fonte che ha fornito lo spunto per l'annotazione iniziale. È proprio il caso, ad esempio, della prima annotazione pervenutaci sotto la voce *Of Colours* delle *Quaestiones.*

## 2. *La spiegazione meccanicistica*

Che i colori scuri sembrino più lontani di quelli luminosi può derivare da questo: che i raggi perdono poco della loro forza riflettendosi da un corpo bianco perché ne sono potentemente impediti (*resisted*), ma un corpo scuro, a causa della scioltezza (*looseness*) delle sue parti, lascia un po' entrare la luce e la riflette ma debolmente. E così le riflessioni dal bianco giungeranno più presto all'occhio. O anche perché il bianco manda raggi con più forza all'occhio e vi dà un colpo (*knock*) più fiero [9].

Il punto di partenza di Newton è un fatto percettivo ben noto e ampiamente utilizzato nella tecnica pittorica. La fonte indicata da McGuire e Tamny è un manuale di John Bate, *The Mysteryes of Nature and Art* (London, 1634), annotato da Newton in un taccuino risalente agli anni 1659-1661 [10]. Che questa sia la fonte principale è però assai poco probabile. Newton infatti non si limita a riportare il fatto, ma lo imposta problematicamente. Il problema consiste nel giustificare l'apparenza facendo riferimento a proprietà meccaniche dei raggi luminosi. E questo problema era stato impostato esattamente nello stesso modo da Descartes nel discorso sesto della *Dioptrique.* Criticando l'assioma dell'ottica geometrica antica, che faceva dipendere la grandezza apparente degli oggetti unicamente dall'angolo di visione, Descartes sostiene che ciò non è sempre vero, perché « ci si inganna anche per il fatto che i corpi bianchi o luminosi, e generalmente tutti quelli che hanno molta forza per muovere il senso della vista, appaiono sempre un po' più vicini e più grandi di quel che sembrerebbero se avessero meno forza » [11].

Lo stesso Descartes si richiama alla tecnica pittorica e all'uso dei colori scuri per produrre effetti di profondità (apparenti): « Infine, per quanto riguarda la stima della distanza mediante la grandezza, la forma, il colore o la luce, i quadri in prospettiva ci mostrano a sufficienza come sia facile ingannarsi. Spesso, infatti, le cose che vi sono dipinte essendo più piccole di quel che ci immaginiamo che debbano essere e presentando contorni più confusi e *colori più scuri* o più deboli, ci appaiono più lontane di quel che veramente sono » [12].

Che Newton stia leggendo la *Dioptrique* nel periodo in cui compone le *Quaestiones* è fuori dubbio, giacché la troviamo chiaramente citata nella voce, sicuramente anteriore a quella che stiamo considerando, *Of Water & Salt* [13]. In essa troviamo succintamente riportata la spiegazione cartesiana relativa alla rifrazione, secondo cui il raggio rifratto si avvicinerebbe alla normale nel mezzo più resistente perché la sua componente verticale (restando quella orizzontale inalterata) viene accelerata: « e Descartes riterrebbe che quella materia [la luce o l'etere luminoso] passi più velocemente dove trova la resistenza più forte » [14].

La relazione tra velocità dei raggi di luce e resistenza del mezzo rifrangente è analoga a quella, affermata da Newton nell'annotazione *Of Colours*, tra forza dei raggi e resistenza del corpo che li riflette. Il passaggio per analogia non sarebbe ovvio, se Newton non avesse avuto presente un'altra affermazione cartesiana, contenuta sempre nel secondo discorso della *Dioptrique*, che sviluppava il paragone tra la luce e una palla che si riflette: « [...] una palla perde più movimento urtando un corpo molle che uno duro [...] » [15].

È degno di nota che Newton connetta e sovrapponga due luoghi cartesiani che possono illuminarsi a vicenda, orientando la ricerca in una direzione nuova. Infatti Descartes aveva avanzato, per spiegare la differenza percettiva della distanza dei corpi luminosi da quelli scuri, una spiegazione fisiologica legata a un riflesso meccanico della pupilla che si restringerebbe per evitare la forza della luce, in modo del tutto analogo a quel che farebbe per vedere distintamente gli oggetti vicini [16]. Nonostante l'interesse che Newton dimostra per gli aspetti fisiologici della visione, così come Descartes stesso li aveva descritti [17], è evidente che Newton si sforza di trovare una causa fisica, relativa alla costituzione della luce e dei corpi, che dia ragione del fatto percettivo. Non per questo Newton rinuncerà, almeno nelle *Quaestiones*, dopo aver tentato di scoprire sperimentalmente le operazioni reciproche della luce e dei corpi, a indagare anche sulla fisiologia della visione e sugli effetti che queste operazioni producono sui sensi.

L'affermazione di Newton che i raggi perdono poco della loro forza quando si riflettono da un corpo bianco implica che un corpo bianco abbia una struttura fisica tale da offrire una maggiore resistenza ai raggi. In questo caso, perdere poca forza non può che significare perdere poco movimento, cioè, nel caso che si suppongano i raggi omogenei, perdere poca velocità: « E così le riflessioni dal bianco giungeranno più presto all'occhio ». Non concordo con McGuire e Tamny che questa affermazione « sia troppo triviale per richiedere un commento » [18]. I due studiosi, che non hanno riconosciuto il contesto cartesiano in cui Newton si muove, aggiungono equivocando ancor più: « Si può soltanto caratterizzare la prima risposta proposta da Newton alla sua originaria domanda come un momentaneo passo falso, poiché sebbene sia vero che la luce da un oggetto più vicino impiega meno tempo a raggiungerci, non c'è alcuna caratteristica in ciò che raggiunge l'occhio a informarci del fatto » [19]. In primo luogo, è certo che Newton non sta parlando di oggetti più vicini ma che *sembrano* più vicini (e che ovviamente non lo sono). In secondo luogo, la caratteristica dei raggi che vengono riflessi dal bianco è proprio la maggior velocità (rispetto ai raggi riflessi dai corpi scuri) che produce quella differenza di forza o di movimento di cui parlava anche Descartes, e che l'occhio avverte come tale, e certamente non come differenza di tempo. In realtà, l'aggiunta di Newton « O anche perché il bianco manda raggi con più forza all'occhio e vi dà un colpo più fiero », non può essere una seconda risposta distinta dalla prima, ma è la trasposizione sul piano della sensazione delle proprietà fisiche del raggio riflesso.

In altre parole, la seconda affermazione è un rinforzo e una esplicitazione della prima: poiché i raggi riflessi dal bianco giungono più presto all'occhio, cioè *sono* più veloci a causa della resistenza del corpo, vi producono un colpo più fiero. La forza di cui Newton sta parlando è indubbiamente quella dell'urto, per cui essa nasce da un'azione reciproca che, rispetto ai raggi, viene descritta come una perdita minore di forza, e, rispetto al corpo bianco, come una comunicazione maggiore di forza. Che questa forza sia un modo di intendere il movimento e, in specie, l'intensità luminosa come movimento, e la variazione della prima come variazione del secondo, risulta sufficientemente chiaro anche dall'effetto che questa forza produce sull'occhio: il fiero colpo. Anche qui Newton sta utilizzando un altro noto luogo cartesiano, pure contenuto nel sesto discorso della *Dioptrique*: « [...] notate che chi è ferito all'occhio crede di veder davanti a sé infiniti fuochi e lampeggiamenti, nonostante tenga gli occhi chiusi o si trovi in un luogo molto oscuro; in modo che *questa sensazione può essere attribuita soltanto alla forza del colpo* che muove i sottili filamenti del nervo ottico *come farebbe una luce violenta* »[20].

Descartes, mediante il paragone con la ferita all'occhio, da considerarsi come caso limite, suggerisce di intendere la luce e i colori come effetti di una forza prodotta dal movimento cosicché « la loro natura non consiste che nella diversità del movimento »[21].

Appare chiaro che Newton sta tentando di elaborare, prendendo spunto da diverse affermazioni contenute nella *Dioptrique*, e correlate insieme in modo problematico, una spiegazione più determinata delle differenze fisiche dei colori per quanto riguarda la loro luminosità. La sua insistenza sul modo di un corpo bianco di riflettere la luce, lasciando in secondo piano la questione dei colori specifici, indica la sua intenzione o la sua speranza di ottenere un modello di spiegazione da estendere poi anche a questi ultimi. Mi sembra fuorviante suggerire, come fanno McGuire e Tamny, che qui Newton « associ un corpo ' luminoso ' con un corpo ' bianco ' » come se « avesse già iniziato a dissociare la bianchezza dal colore »[22]. Questa dissociazione avverrà, in verità, molto presto, al termine della prima voce *Of Colours* delle *Quaestiones*, ma seguendo uno spunto, come si vedrà, molto diverso. Infatti, per dar conto dell'associazione tra corpo bianco e corpo luminoso nel passo sopra riportato di Newton è sufficiente ammettere che egli si limiti a riproporre la medesima associazione suggerita da Descartes nel passo citato della *Dioptrique*: « [...] i corpi bianchi *o luminosi* [...] appaiono sempre un po' più vicini [...] »[23], ulteriore conferma che la fonte principale di Newton è proprio l'opera del filosofo francese.

Non solo è poco verosimile che la prima annotazione, in assoluto, sui colori di Newton contenga già l'anticipazione di un importante punto della sua dottrina successiva, ma appare anche poco credibile che uno studente non ancora ventiduenne, impegnato con le sue prime letture di ottica, si muova con tanta disinvoltura all'interno di un'opera complessa come la *Dioptrique* di Descartes riuscendo ad assimilarne tanto profondamente la dinamica interna da coglierne addirittura possibili punti di sviluppo e di perfezionamento. In effetti, l'atteggiamento di Newton nei confronti di Descartes nella voce *Of light* [24] delle *Quaestiones*, composta probabilmente prima di quella *Of Colours*, è più consono all'arroganza critica di uno studente alle prime armi, che snocciola una lunga serie di obiezioni senza preoccuparsi più che tanto di comprendere correttamente la posizione dell'avversario.

Nel primo modello di spiegazione approntato da Newton sull'effetto di profondità apparente che deriva da variazioni di luminosità dei corpi, è possibile riconoscere anche l'influenza della sua lettura della *Experimental History of Colours* di Boyle, probabilmente iniziata non da molto. La maggior parte delle citazioni di quest'opera nelle *Quaestiones* è infatti successiva al f. 105$^v$ che stiamo ora considerando.

Come si è visto nel capitolo precedente, Boyle aveva elaborato una serie di congetture o ipotesi esplicative sulla diversa origine dei colori, e segnatamente sulla natura del bianco e del nero, che riprendevano e perfezionavano molti motivi presenti nella *Dioptrique* di Descartes. Il lavoro di Boyle nasceva da una lunga confidenza con l'intera letteratura scientifica che si era occupata a vario titolo del problema dei colori, ed è fuori dubbio che, nonostante la diversità culturale nell'impostazione della ricerca, molti spunti, e i più originali, contenuti nella *Experimental History of Colours*, nascevano soprattutto da una rielaborazione delle idee cartesiane nel tentativo di stabilirne una corrispondenza più precisa con i fenomeni [25].

Un punto in particolare della *Experimental History of Colours* ci interessa, perché utilizza il medesimo argomento cartesiano, in analogia con il rimbalzo di una palla, impiegato anche da Newton, per giustificare la diversità della forza con cui un corpo viene riflesso. Boyle introduce l'argomento con la consueta cautela con cui tratta tutte le ipotesi teoriche e dopo aver presentato un'altra spiegazione più generale, secondo cui la struttura superficiale dei corpi neri assorbe i raggi di luce riflettendone solo alcuni.

L'altro modo [di spiegare il colore nero] è quello di supporre che la struttura (*texture*) nei corpi neri sia tale che, o perché cedono ai raggi di luce, o per qualche altro motivo, fanno sì che i raggi di luce siano come smorzati, e impediscono che essi siano riflessi verso l'esterno copiosamente (*in any plenty*) oppure con considerevole forza (*vigour*) o movimento. Secondo questa idea si può dire che i corpuscoli, che compongono i raggi di luce, siano essi effluvi solari o particelle minute di qualche sostanza eterea che si spingono l'un l'altra dal corpo luminoso, cadendo su corpi neri si incontrano con una struttura tale che tali corpi ricevono in se stessi e assorbono quasi tutto il moto comunicato loro dai corpuscoli che compongono i raggi di luce, e di conseguenza riflettono solo alcuni di essi, o questi stessi ma fiaccamente (*languidly*), verso l'occhio; avvenendo in questo caso quasi lo stesso che a una palla, che lanciata contro una pietra o sul pavimento rimbalzerebbe indietro per un buon tratto, ma rimbalza molto poco o per nulla affatto, quando è lanciata contro l'acqua, o il fango o una rete a maglie larghe (*loose*), perché le parti cedono e assorbono in se stesse il moto [...] [26].

Boyle estende questo tipo di spiegazione, per motivi di simmetria, anche al bianco:

Finché non ho l'opportunità di esaminare la materia con qualche ulteriore tentativo, non sono sicuro se in alcuni corpi bianchi e neri non possa concorrere al colore una qualche struttura peculiare o disposizione del corpo per cui il moto dei piccoli corpuscoli, che compongono i raggi incidenti di luce, possa essere modificato in modo differenziato prima che essi raggiungano l'occhio: specialmente in questo, che i corpi bianchi non riflettono soltanto copiosamente quegli stessi corpuscoli incidenti all'esterno, ma li riflettono *vivacemente* (*briskly*), senza alterare in altro modo il loro movimento [27].

È evidente l'incertezza di Boyle tra un modello di spiegazione che prenda in considerazione solo la quantità dei raggi riflessi (e in questo caso riferirsi alla quantità dei raggi o dei corpuscoli che li componevano era indifferente) o anche la quantità di forza o di movimento mantenuta o perduta dai corpuscoli durante la riflessione. I due effetti si sarebbero sommati e poiché Boyle, come Descartes e poi Newton di conserva, ritiene che sia la luce che i colori si manifestino all'occhio con un colpo, è impossibile decidere dalla sensazione prodotta, cioè dal colpo subito dall'occhio, se la causa è una differenza di quantità di corpuscoli che si muovono con la stessa velocità (e quindi con lo stesso movimento o forza) oppure se varia solo (o anche, perché la perdita di movimento può tendere a zero, diminuendo pure il numero dei corpuscoli riflessi) il movimento, tanto che i corpuscoli raggiungono l'occhio fiaccamente (*languidly*) o vivacemente (*briskly*). Questa incertezza del modello esplicativo non si comunicava tanto alla fisiologia della visione (l'occhio era comunque ' colpito '), ma al comportamento fisico dei raggi. In effetti, un modello fondato unicamente sulla variazione quantitativa dei raggi riflessi (o, che è lo stesso, sulla quantità di corpuscoli che colpivano l'occhio in una unità di tempo data) supportava potentemente la teoria che considerava la differenza dei colori come una diversa mescolanza di luce e ombra, almeno se quest'ultima era intesa, come l'intendeva Boyle, come privazione di luce [28].

Il modello di spiegazione era per lo meno ambiguo, se non inutilmente ripetitivo: si supponeva, infatti, che l'occhio fosse colpito, in una unità di tempo, da una quantità maggiore (bianco) o minore (nero) di raggi aventi uguale velocità. Poiché Boyle ritiene che i raggi siano costituiti da corpuscoli, ciò equivale a dire che nell'unità di tempo giunge all'occhio un numero di corpuscoli differenziato. Il secondo modello (da sostituirsi o aggiungersi al primo) prende in considerazione la forza o il movimento dei corpuscoli che vengono differenziati prima di raggiungere l'occhio: ma poiché Boyle suppone i corpuscoli tutti uguali [29], la variazione di movimento può indicare soltanto la variazione della velocità. Anche in questo caso, nell'unità di tempo giungerebbe all'occhio un numero di corpuscoli differenziato, ma alcuni di essi sarebbero dotati di una diversa quantità di movimento. In entrambi i casi, l'occhio non era sensibile al numero dei corpuscoli, ma alla quantità totale di movimento che essi comunicavano all'occhio nell'unità di tempo. La diversa quantità di luce era così cartesianamente risolta in una diversa quantità di movimento. Nonostante l'indecidibilità fattuale dei due modelli (diversa quantità di raggi aventi lo stesso movimento e lo stesso numero di corpuscoli uguali, o diversa quantità di corpuscoli aventi diverso movimento) a causa dell'analogia dell'effetto fisico che sarebbe stato prodotto sull'occhio in entrambi i casi, il secondo modello offriva una maggiore ricchezza esplicativa perché supponeva una differenza fisica tra i raggi *prima* che essi colpissero l'occhio. Questa differenza fisica era naturalmente acquisita durante la riflessione o la rifrazione: tuttavia in tal modo il colore non corrispondeva soltanto a una modificazione soggettiva dell'organo della vista (risolvendosi la loro natura, come aveva detto Descartes, soltanto nell'apparire) ma aveva un riscontro oggettivo in una modificazione meccanica della luce dotata di un certo grado di permanenza (un corpuscolo avrebbe mantenuto il suo movimento, se non fosse stato modificato da un'ulteriore riflessione da parte di un corpo dotato di diversa struttura o disposizione).

Questo orientamento realistico, come si è già sottolineato, caratterizza l'indagine sperimentale di Boyle e soprattutto la revisione da lui iniziata dell'idea cartesiana che la luce e i colori dipendano da un colpo prodotto dal movimento di qualche materia sottile sulla retina, come si evince chiaramente da un passo della *Experimental History of Colours*: « [...] il colpo della luce sulla retina [di un qualche movimento esterno o interno] ci fa concludere, che noi vediamo sia la luce che questo o quel colore. Tutto ciò l'ingegnosissimo Descartes ha molto bene osservato; ma poiché sembra che non l'abbia esemplificato con qualche osservazione non ovvia ossia peculiare, tenterò di illustrare questa dottrina con alcuni esempi »[30].

Per tornare all'annotazione iniziale della voce *Of Colours* del giovane Newton, mi sembra altamente verosimile che essa riprenda il modello sviluppato da Boyle su spunti cartesiani, coniugandolo con la sua propria lettura di Descartes, da cui aveva tratto, o che gli aveva rammentato, il fenomeno di illusione percettiva della diversa profondità dei colori luminosi e oscuri, cui Boyle non fa riferimento esplicito. Mi sembra anche evidente che dei due modelli di spiegazione per la riflessione della luce da parte dei corpi bianchi e neri (o scuri, associati implicitamente al nero per contrarietà all'accoppiamento bianco/luminoso) proposti congiuntamente da Boyle, Newton opti chiaramente per il secondo, che implica una modificazione fisica dei raggi prima che raggiungano l'occhio. L'affermazione di Newton: « [...] un corpo scuro, a causa della scioltezza delle sue parti, lascia un po' entrare la luce e la riflette ma debolmente » è concettualmente del tutto equivalente a quella di Boyle che i corpi neri « ricevono in se stessi e assorbono quasi tutto il moto comunicato loro dai corpuscoli che compongono i raggi di luce, e di conseguenza riflettono solo alcuni di essi, o questi stessi ma fiaccamente », se si eccettua il fatto che Newton accetta positivamente che parte della luce entri nel corpo scuro e parte sia riflessa con forza minore. Addurre altre prove dell'influenza congiunta di Boyle e di Descartes su Newton agli inizi delle sue indagini sui colori può, a questo punto, sembrare superfluo se, da un lato, non si dovesse sottolineare la rilevanza determinante e la pervasività di queste fonti rispetto a un generico programma materialistico che, come suggeriscono McGuire e Tamny, Newton avrebbe tratto da Hobbes [31] e se, dall'altro, non si volesse mostrare come Newton giunse alla sua scoperta al termine di un processo razionale che aveva le sue condizioni di sviluppo nelle proposte scientifiche e nelle scelte metodologiche degli autori più presenti nelle sue letture.

Già nella voce *Of vision*, precedente a quella *Of Colours*, troviamo vari passi che si potrebbero utilmente confrontare con analoghi passi del sesto discorso della *Dioptrique*, che trattano il problema della visione doppia in seguito alla pressione esercitata da un dito sul bulbo oculare [32], o il sovrapporsi delle immagini più forti a quelle più deboli sui filamenti del nervo ottico [33]. Inframmezzate a questi passi troviamo due annotazioni che non sono connesse direttamente con il contesto, ma che sembrano anticipare alcuni aspetti ripresi poi nell'annotazione iniziale della voce *Of Colours* che stiamo esaminando: « Cose dai colori più scuri si bruciano più facilmente, cioè hanno le parti più sciolte (*loosest*). L'occhio di un uomo colpito vede scintille » [34].

La prima affermazione richiama un luogo della *Experimental History of Colours* di Boyle [35], in cui non è tuttavia esplicitata la relazione con la struttura delle parti. D'altra parte, Boyle afferma altrove, come si è visto, che i corpi neri sono paragonabili a una rete sciolta (*loose*) [36]. Così anche il riferimento alla luce provocata da un colpo all'occhio è presente nell'opera di Boyle, che cita tuttavia a sua volta Descartes [37]. Entrambe queste annotazioni costituiscono le condizioni concettuali per poter affermare che un colpo più fiero prodotto dalla forza dei raggi riflessi ecciti una sensazione di maggiore luminosità, e che le parti dei corpi scuri, più sciolte perché più facilmente bruciabili, attenuano la forza dei raggi e li assorbono.

## 3. *Ipotesi compatibili*

Riprendendo in esame ora il testo iniziale della voce *Of Colours*, appare chiaro che esso non contiene niente di nuovo rispetto alle sue fonti: tutti gli elementi concettuali sono già dati e chiaramente presenti e individuabili o nella *Dioptrique* o nella *Experimental History of Colours*. Nello stesso tempo, tuttavia, non siamo di fronte a un semplice riassunto o estratto come tanti altri, contenuti nelle *Quaestiones*. Newton ha esposto un noto fatto percettivo cercando una risposta plausibile nel comportamento fisico dei raggi così come era stato ipotizzato da Boyle, che a sua volta aveva ripreso e combinato motivi cartesiani. Rispetto a Boyle, che aveva proposto inizialmente un modello esplicativo fondato sulla maggiore o minore riflessione della luce da parte dei corpi bianchi e neri, cioè sulla quantità di corpuscoli di luce che raggiungono l'occhio in una unità di tempo, e quindi sulla mescolanza di luce e ombra (intesa come privazione di luce), cui aveva di rincalzo affiancato un secondo modello che prevedeva una riflessione più forte o più debole, Newton si era messo in condizione di operare una scelta più precisa grazie al collegamento del modello con il fatto percettivo che riguardava l'illusione di profondità. Il modello infatti fondato sulla quantità di luce, cioè sulla mescolanza di luce e ombra, *senza riferimento al movimento*, non avrebbe potuto dar conto dell'illusione di profondità. Ma facendo riferimento al movimento, la diversa sensazione di profondità corrispondeva a una diversa forza esercitata sull'occhio, e la dinamica della riflessione poteva essere maggiormente articolata rispetto a una mescolanza di luce e ombra in cui ogni raggio fosse dotato singolarmente dello stesso movimento. Descartes, d'altra parte, aveva collegato il fatto percettivo illusorio con la forza di pressione della luce, ma non si era curato di indagare l'origine delle differenze di tale forza.

Newton aveva ottenuto così un modello meccanico più ricco di possibilità esplicative: sostituendo tuttavia alla quantità di luce, la quantità di movimento da essa prodotto, il meccanismo di spiegazione per dar conto delle differenze dei colori restava sostanzialmente il medesimo di quello suggerito da Boyle: i colori nascevano dal differenziarsi delle quantità, di luce o di movimento, dei raggi o dei corpuscoli che li componevano, che colpivano l'occhio, e gli estremi di queste differenze, tra cui si collocavano tutti gli altri colori, erano pur sempre il bianco e il nero. In questo modo, era ancora salva l'opinione generale che i colori nascessero dalla mescolanza della luce e dell'ombra, purché si intendesse quest'ultima non solo come privazione di luce, ma come privazione del movimento comunicato ai diversi corpuscoli che componevano i raggi. Il vantaggio maggiore che poteva derivare dalla scelta del modello esplicativo fondato sulla diversa quantità di moto prodotto dalla luce era quello di determinare in modo più convincente la sua natura in base alle proprietà osservate: la luce era un corpo o un insieme di corpi e i colori erano il prodotto delle interazioni meccaniche tra i corpi, cioè un caso particolare della distribuzione del movimento nell'universo in seguito all'urto e alle varie forze così prodotte. Non è nemmeno il caso di sottolineare l'affinità di questa concezione con quella proposta da Descartes.

L'annotazione iniziale della prima voce *Of Colours* delle *Quaestiones* è seguita da una concisa esposizione di alcune ipotesi generali che, occorre sottolinearlo con particolare enfasi, erano tutte compatibili con il modello di spiegazione proposto da Newton per dar conto dell'illusione percettiva della varia profondità dei colori. « I colori sorgono o dalle ombre frammischiate (*intermixed*) con la luce, o da riflessioni più forti e più deboli. Oppure da parti del corpo mescolate con e portate via dalla luce » [38].

La fonte suggerita da McGuire e Tamny per queste opinioni è la *Physiologia* di Charleton, che passa in rassegna varie dottrine antiche e moderne sui colori [39]. Anche in questo caso, tuttavia, è improbabile che la fonte principale sia la *Physiologia*, perché le opinioni riportate da Newton si riallacciano manifestamente al modello di spiegazione appena introdotto e chiaramente influenzato dalla lettura della *Experimental History of Colours* di Boyle. Inoltre nello stesso foglio 105$^{v}$, poco dopo le annotazioni riportate, compare l'affermazione concernente l'impossibilità di derivare i colori da una mescolanza di bianco e di nero, la cui fonte è sicuramente Boyle [40]. Anche Boyle passa in rassegna le dottrine antiche e moderne sui colori proprio poche righe prima dell'affermazione sull'impossibilità fattuale di derivare i colori dal bianco e dal nero. È dunque altamente verosimile che Newton ricavi da Boyle anche l'informazione sulle varie dottrine antiche e moderne relative ai colori. L'aspetto più importante, tuttavia, che ci interessa cogliere, non è tanto il sicuro riconoscimento della fonte materiale di Newton, quanto il significato che egli attribuisce a queste notizie, inserendole nel proprio discorso. È evidente, infatti, che il foglio 105$^{v}$ non contiene solo, come tanti altri fogli delle *Quaestiones*, notizie annotate dalle fonti perché ritenute più o meno importanti e quindi degne di essere estrapolate per meglio ricordarle, ma soprattutto un tentativo consapevole di connettere queste fonti in un discorso coerente suscettibile di sviluppo autonomo. Così le opinioni riportate hanno la caratteristica precipua di essere compatibili tra di loro in base al modello esplicativo fondato sulla diversa quantità di moto dei raggi che giungono all'occhio, moto comunicato in modo differenziato in ragione della diversa struttura dei corpi durante la riflessione. In parole povere, questo significava che i colori potevano nascere « da riflessioni più forti e più deboli ». Ora, il movimento così comunicato poteva derivare « da parti del corpo mescolate e portate vie dalla luce »: in questo modo, infatti, la luce avrebbe comunicato una certa velocità alle parti del corpo con cui si sarebbe mescolata durante la riflessione. Era questa l'antica dottrina degli effluvi proposta dagli atomisti e ripresa dai moderni, che Boyle aveva così descritto:

Ci sono anche altri che, a imitazione di alcuni antichi atomisti, ritengono che il colore non sia uno spirito luminoso, ma piuttosto un effluvio corporeo emesso dal corpo colorato; ma i più informati tra questi hanno di recente emendato la loro ipotesi, riconoscendo e aggiungendo che è necessaria una qualche luce esterna per eccitare e, come essi dicono, sollecitare questi corpuscoli di colore, come li chiamano, e portarli all'occhio [41].

L'influsso su Newton di questo passo di Boyle, come vedremo, non termina qui e non si esaurisce unicamente nel suggerimento di una teoria generale compatibile con il modello esplicativo più specifico già proposto.

Boyle continua il passo sopra citato esponendo anche la dottrina, di Kepler e altri, che faceva dipendere i colori dalla mescolanza della luce e dell'oscurità; e, particolare di grande interesse per intendere anche il senso dell'annotazione di Newton, afferma che essa è conciliabile con quella, emendata, degli effluvi: « Un'altra e più importante opinione dei filosofi moderni, con cui quest'ultima citata [quella degli effluvi] può con una spiegazione propizia essere riconciliata, è quella che deriva i colori dalla mescolanza della luce e dell'oscurità, o piuttosto della luce e delle ombre » [42].

Newton annota, dunque, sulla scorta di Boyle, due teorie che possono essere riconciliate tra loro, e presumibilmente con l'altra fondata sulle « riflessioni più forti e più deboli », che riproponeva di fatto il suo modello esplicativo. Ciò vale a dire che la teoria della mescolanza della luce e dell'ombra poteva essere compatibile con quella degli effluvi in base al criterio differenziale della quantità di movimento comunicato dai corpi ai raggi di luce o ai loro componenti durante la riflessione. Newton aveva trovato quella « spiegazione propizia » cui Boyle aveva accennato, ma che aveva dimenticato di dare esplicitamente, pur fornendone gli elementi.

## 4. *Dubbi e incompatibilità*

Il foglio 105$^v$ riporta anche alcune annotazioni che forniscono una serie di possibili sviluppi, o anche di semplici dubbi o problemi, rispetto al modello esplicativo — costruito da Newton con una combinazione selettiva di elementi concettuali tratti dalla sua lettura di Descartes e di Boyle — e alle teorie più plausibili ad esso connesse. Il modello era plausibile; ma era anche del tutto soddisfacente? Di queste annotazioni non è facilmente reperibile la fonte, ammesso che ne abbiano una, dal momento che molte delle osservazioni riportate sono abbastanza ovvie. Alcune di esse, però, sembrano richiamare analoghe osservazioni compiute da Boyle in contesti differenti.

La dottrina emendata degli effluvi, coniugata con il modello meccanico, forniva la possibilità di riferirsi a qualità proprie alle singole particelle dei corpi mescolate e portate via dalla luce, qualità che non potevano dipendere dalle caratteristiche meccaniche acquisite dalla luce durante la riflessione, perché quest'ultime erano responsabili unicamente del tipo di colore. Così Newton si riferisce alla dottrina degli effluvi quando scrive: « Da alcune di queste [parti del corpo mescolate con e portate via dalla luce] sorge lo splendore e l'opacità. Un colore splendente sebbene nero riflette i raggi di un oggetto più perfettamente del bianco opaco. Alcuni come il corno nero, il cuoio lucido ecc. meglio della carta bianca. E al contrario. Ma il nero lucido risplende meglio » [43].

Queste considerazioni introducono un elemento non quantitativo che renderebbe « più perfetta » la riflessione da un corpo splendente anche se nero, senza che ciò infici il modello secondo cui un corpo scuro riflette la luce debolmente. Newton potrebbe anche riferirsi, facendo eco a Boyle, alla maggiore definizione delle immagini riflesse dai corpi neri, carattere però che prescinde dalla luminosità o splendore [44]. L'interpretazione della perfezione come maggiore definizione potrebbe essere confermata dal passo successivo, in cui compaiono però altre considerazioni importanti:

Una finestra aperta verso il Sud sarà tinta con il colore della tenda. Posta tra l'occhio e la luce una carta su cui sia stato scritto, le lettere contro luce sembrano smorzate (*dim*), poiché la luce viene rifratta nella carta dopo che ha attraversato l'inchiostro: ma le lettere su questo lato appaiono perfette, giungendo la luce dritta all'occhio senza alcuna rifrazione [45].

Anche considerando i colori per trasparenza o rifrazione, il modello esplicativo fondato sulla quantità di moto manteneva ancora una certa plausibilità: bastava pensare che la luce, attraversando un oggetto, si indebolisse come quando si rifletteva dai corpi scuri, le cui parti ne assorbivano il moto. Probabilmente Newton pensa anche che la direzione del moto possa costituire un ulteriore elemento di differenziazione, ipotesi, come si è visto, cui Boyle aveva già accennato. Importante il fatto che Newton senta il bisogno di giustificare i colori ottenuti per rifrazione, indizio probabile che egli ha già accettato le argomentazioni di Boyle sulla realtà dei colori considerati enfatici.

Un dubbio però nasceva da una domanda che restava senza risposta, almeno nel modello proposto: « Perché i carboni sono neri e le ceneri bianche? » [46].

Sicuramente le parti della cenere erano più slegate o sciolte rispetto alle parti del carbone e avrebbero dovuto, in base al modello, riflettere la luce più debolmente e apparire scure; al contrario per il carbone.

Un altro fatto, che Newton trae da Boyle e che illustra con alcuni esempi, probabilmente di sua invenzione, fa sorgere dubbi molto più seri sulla plausibilità del modello esplicativo dei colori proposto e sulle teorie ad esso connesse.

Nessun colore sorgerà dalla mescolanza del nero puro e del bianco, perché allora le immagini, tracciate con l'inchiostro, sarebbero colorate, o quelle stampate sembrerebbero colorate a una certa distanza, e i contorni delle ombre sarebbero colorati, e il nerofumo e il bianco di Spagna [gesso] produrrebbero colori. Dunque essi non possono sorgere da una minore o maggiore riflessione della luce o dalle ombre mescolate con la luce [47].

La voce *Of Colours* del f. 105$^v$ termina con questa affermazione di Newton, che costituisce un punto cruciale verso la scoperta della sua nuova teoria. Già Boyle si era reso conto che l'impossibilità di ricavare colori da una mescolanza di bianco e di ' vero ' nero richiedeva una spiegazione diversa di questi due colori (riflessione sola senza rifrazione) da quella di tutti gli altri, per i quali ipotizzava il concorso della rifrazione che avrebbe prodotto un'ulteriore o diversa mescolanza delle ombre con la luce rifratta [48]. Ma perché la luce rifratta doveva esibire colori diversi da quella riflessa, se mescolata con le ombre? Newton comprende che assimilando il bianco alla luce e il nero all'ombra, così come fa Boyle, l'impossibilità di ricavare i colori dalla mescolanza del bianco e del nero, comportava di conseguenza anche l'impossibilità di mantenere l'ipotesi teorica che essi fossero generati da una mescolanza di luce e ombra. Si trattava di un ragionamento elementare, che Newton espone quasi in forma sillogistica. Caduta l'ipotesi teorica, anche il modello fondato sulla maggiore o minore riflessione della luce, cioè su differenze prodotte dalla variazione della quantità di luce, non aveva reali possibilità esplicative nei confronti dei colori. Gli esempi addotti da Newton coprono, infatti, tutte le possibilità di mescolanza della quantità di luce riflessa: per sovrapposizione del nero al bianco (le immagini tracciate con l'inchiostro), per contiguità (le immagini stampate viste a distanza e i contorni delle ombre), per mescolanza di corpi colorati (il nerofumo e il gesso). In nessuno di questi casi comparivano i colori, tranne i grigi dall'impasto del nerofumo con il gesso. Il colore non poteva essere una proprietà della luce riflessa in quanto riflessa e non poteva essere ricavato dal bianco e dal nero. Occorreva dissociare il bianco e il nero dai colori. E ricercare, come aveva suggerito Boyle, con l'aiuto della rifrazione, di coglierne con più chiarezza la genesi.

Quando Newton riprenderà, nelle *Quaestiones*, l'argomento con una nuova voce *Of colours*, probabile continuazione della precedente, la spiegazione del bianco/grigio/nero è già nettamente differenziata da quella degli altri colori. Inoltre, in questa nuova voce, si trova affermata, senza giustificazione esplicita, l'associazione di ciascun colore con un grado di velocità. Questa posizione non ha bisogno di essere riportata a un'ulteriore fonte cartesiana, come suggeriscono McGuire e Tamny [49], anche se è improbabile che si tratti di una affermazione originale di Newton perché è chiaramente presente in Boyle [50]. Il punto più importante, come si è già osservato, non è l'individuazione della fonte, ma il significato attribuito da Newton all'informazione o alla proposta che egli ricava dalla sua lettura. Si è già visto che il modello esplicativo dell'illusione percettiva di profondità faceva ricorso a una differenza di forza o di movimento dei raggi riflessi dai corpi luminosi e scuri, che implicava una differenza di velocità per cui i primi giungevano più presto all'occhio. Questo modello viene ora rifiutato da Newton perché in contrasto con l'impossibilità pratica di derivare i colori dal bianco e dal nero, cioè da variazioni della quantità dei raggi riflessi o anche del loro moto. Di conseguenza, Newton abbandonava in parte la concezione modificazionistica della luce, secondo cui i colori hanno origine da una modificazione (della forza, del moto e della velocità) acquisita dai raggi durante la riflessione. In altre parole, le modificazioni acquisite dai raggi durante la riflessione, qualunque fossero, non potevano essere le cause ultime dei colori. Altrimenti, da ogni mescolanza della luce riflessa sarebbero nati nuovi colori in contrasto con quella costanza con cui i corpi, anche trasparenti, li esibivano. Boyle si era posto proprio questa domanda [51], senza trovare una risposta soddisfacente. Niente tuttavia impediva di considerare, come suggeriva Boyle, « l'ordine e il grado di velocità » [52] delle particelle che componevano i raggi di luce come caratteristiche *indipendenti* dalla riflessione. Per compiere questo passo, che avrebbe impegnato Newton in un terreno completamente nuovo, occorreva però accettare l'impossibilità di produrre colori con la mescolanza del bianco e del nero come un fatto determinante e conclusivo contro ogni teoria esclusivamente modificazionistica della luce. Così, se Newton ricavava da Boyle la quasi totalità delle sue informazioni sui colori e sulle ipotesi teoriche avanzate per spiegarne la genesi, iniziava la propria ricerca senza far riferimento esplicito a nessuna ipotesi generale, nemmeno quella, indeterminatissima, che considerava il colore come una modificazione della luce.

L'importanza cruciale dell'impossibilità di produrre colori con una mescolanza di bianco e di nero può essere sottolineata dal fatto che Newton ricorre proprio a questo argomento nelle *Lectiones Opticae* (MS Add. 4002), sei anni dopo la sua prima annotazione nelle *Quaestiones*, per confutare le teorie modificazionistiche della luce: « Dicono, è vero che a certi colori è mescolata più luce che ad altri: ma ciò non è sufficiente per produrli, sia perché nessun colore — tranne i grigi intermedi — si genera dalla mescolanza del bianco e del nero soltanto, sia perché la quantità di luce non muta la specie del colore. Infatti un corpo rosso, ad esempio, appare sempre rosso sia che si osservi al crepuscolo o nel meriggio più luminoso » [53].

Pervenuto ormai alla sua scoperta, Newton rafforza l'argomento della non producibilità dei colori mediante il bianco e il nero con l'affermazione che la quantità di luce riflessa non muta il colore *in specie*. L'affermazione richiama manifestamente la conseguenza che egli aveva ricavato nel f. 105$^{v}$: « Dunque essi [i colori] non possono sorgere da una minore o maggiore riflessione della luce ». Ma richiama anche, nell'esempio fatto, un'espressione di Boyle nella *Experimental History of Colours*, con cui si proponeva di mostrare la realtà dei colori enfatici: « [...] la schiuma appare bianca, sia che il sole sorga o tramonti, o sia nel meriggio [...] » [54], ulteriore conferma del perdurare nella memoria di Newton delle sue prime letture.

## 5. *Assunti*

Abbandonata l'ipotesi che i colori abbiano origine da una diversa quantità di luce durante la riflessione e dipendano quindi da una mescolanza di luce e ombra, l'unica possibilità di indagine sulla loro produzione era rappresentata dalla rifrazione. Non sostengo, però, che Newton abbia proceduto per esclusione, anche se, viste le conclusioni che aveva raggiunto, avrebbe potuto farlo. Il f. 105$^{v}$ attesta senza possibilità di dubbio che Newton aveva letto, o più probabilmente stava leggendo, la *Experimental History of Colours* di Boyle. Nelle altre parti delle *Quaestiones* dedicate ai colori sono riportati ben 41 estratti dell'opera di Boyle. Molti di questi rimangono nel MS Add. 3975 *Of Colours*. Estratti da altre opere di Boyle sono presenti in altre voci delle *Quaestiones*. Reminiscenze dell'opera di Boyle, e persino del linguaggio e delle immagini da lui usate, giungono fino alle *Lectiones Opticae* (1670). Un autore così presente nelle letture di Newton non può ragionevolmente essere ridotto al ruolo di semplice fonte di informazione, o di spunti per una domanda o un esperimento [55]. Si è già visto che Newton trasse da Boyle ben di più: un atteggiamento metodologico che accompagnerà, affinandosi, anche le ricerche di meccanica, il rifiuto delle ipotesi determinanti, la valorizzazione dell'esperimento come strumento di indagine. Non intendo, tuttavia, sostenere in alcun modo che Boyle precorra Newton e la sua teoria dei colori. Questa fu un risultato del tutto nuovo, cioè un'invenzione o una scoperta, che tuttavia aveva nell'opera di Boyle alcune delle condizioni necessarie per realizzarsi.

Così il volgersi di Newton a provare sperimentalmente, mediante la rifrazione, la produzione dei colori servendosi di un prisma, è il frutto tanto di un suggerimento di Boyle quanto della conclusione da lui stesso raggiunta che la loro origine è indipendente dalla quantità di luce riflessa. Si è visto come Newton giunse a questa conclusione. Il suggerimento di Boyle consisteva nel considerare *in generale* non solo gli interi raggi di luce in quanto tali, ma anche « l'ordine e il grado di velocità, ossia, in una parola, il modo in cui le particelle che compongono ogni raggio particolare arrivano al sensorio » [56]. Naturalmente Boyle si riferisce qui promiscuamente alla riflessione e alla rifrazione, come cause della modificazione così subita dalla luce e dalle sue parti. Newton ha già escluso che la produzione dei colori possa dipendere da modificazioni introdotte dalla riflessione della luce. Per lo stesso motivo — l'impossibilità di derivare i colori da una mescolanza di luce e ombra — anche la rifrazione non può produrre i colori, così come aveva suggerito Boyle [57], per un'ulteriore mescolanza di ombra e luce. Restava da indagare in che modo il prisma di vetro e altri corpi trasparenti concorrevano alla generazione dei colori.

A questo scopo, nella seconda voce *Of colours* [58] delle *Quaestiones*, Newton propone un esperimento multiplo che prevede simultaneamente la riflessione della luce da due superficie diversamente colorate, e la rifrazione di questa luce riflessa da parte di un prisma che la dirige verso l'occhio. L'esperimento viene quindi annotato e interpretato da Newton. La prima annotazione (in ordine di tempo) [59] che compare sul foglio è tuttavia un'ipotesi generale relativa alla spiegazione differenziata dei colori e dei bianchi/grigi/neri. Questa ipotesi ha un'importanza del tutto decisiva per l'interpretazione successiva dei dati sperimentali, e converrà considerarla con particolare attenzione sia per interpretarla il più correttamente possibile sia per comprendere attraverso quale processo Newton sia giunto a formularla in base agli elementi concettuali e fattuali di cui disponeva. L'ipotesi in questione, infatti, contiene *in nuce* la possibilità della scoperta di una nuova teoria perché indica la direzione della ricerca sperimentale e il senso da attribuire ai dati ottenuti.

L'ipotesi è così formulata da Newton: « Tanto più uniformemente i globuli muovono i nervi ottici, tanto più i corpi sembrano essere colorati rossi, gialli, blu, verdi, ecc. ma tanto più variamente li muovono, tanto più i corpi appaiono bianchi neri o grigi »[60].

È indubbio che questa ipotesi, che riguarda il modo in cui le particelle che compongono i raggi di luce (indicate qui da Newton con il termine cartesiano ' globuli ') muovono il sensorio, sia del tutto conforme al suggerimento di Boyle[61]. Essa introduce una generalità anche maggiore di quella consigliata dallo stesso Boyle: non c'è alcun cenno a una causa (riflessione, rifrazione ecc.) che giustifichi l'effetto prodotto dai globuli sul sensorio.

L'ipotesi è collocabile all'interno della proposta cartesiana, ripresa e rivista anche da Boyle[62], secondo cui la luce e i colori corrispondono ai movimenti dei sottili filamenti del nervo ottico. Descartes aveva considerato questi movimenti come l'effetto di un colpo sul nervo ottico esercitato dalla forza prodotta dalla quantità di luce[63]. Newton, che aveva accettato in un primo momento questo modello di spiegazione, si era reso conto che una variazione dell'intensità del colpo sulla retina proporzionale alla quantità di luce che comunque vi giungeva, non poteva spiegare di fatto la produzione dei vari colori, i quali non si originavano mai da una variazione della quantità di luce riflessa.

Newton quindi trasforma l'idea cartesiana, proponendo che possa variare, oltre l'intensità del colpo, la modalità con cui viene comunicato al sensorio, a seconda che muova i nervi ottici con maggiore o minore uniformità o varietà. Di conseguenza, i globuli, per produrre un movimento uniforme sui nervi ottici, dovevano esercitare un'intensità costante indipendentemente dal valore assoluto di tale intensità, e il movimento vario poteva essere inteso come una somma o mescolanza di più movimenti uniformi.

Ottenuta in questo modo una spiegazione plausibile delle sensazioni di colore, differenziata per i rossi, gialli, blu, verdi ecc. e per i bianchi/neri/grigi allo scopo di giustificare il fatto che nessuna mescolanza di bianco e di nero produceva un colore, Newton poteva chiedersi quali caratteristiche fisiche avrebbero dovuto possedere i raggi di luce perché producessero tali movimenti sul nervo ottico.

L'esperimento composito che Newton realizza non ha lo scopo immediato di confermare l'ipotesi dal lato della fisiologia della percezione, quanto quello di sottoporre a prova le caratteristiche, compatibili con l'ipotesi, attribuite ai raggi.

Newton assume che i raggi, o meglio i globuli che li compongono, abbiano differenze determinate di velocità. Così ogni raggio produrrà un proprio movimento uniforme sui nervi ottici. È da notare che Newton propone queste differenze senza indicare una causa specifica che agisca sulla luce, come avevano fatto sia Descartes che Boyle. Tuttavia questo assunto è probabilmente derivato dal modello esplicativo già proposto da Newton nel foglio 105ᵛ, modificato in alcuni punti importanti [64], in seguito alla constatazione che i colori non potevano essere prodotti da alcuna mescolanza di bianco e di nero. Newton ne aveva concluso che i colori non possono avere origine o mutare per una differenza di quantità di luce riflessa.

Così una superficie comunque colorata, collocata parte al sole e parte all'ombra, secondo le modalità di un esperimento descritto da Boyle [65], avrebbe riflesso una quantità di luce ben diversa da ciascuna delle due parti: all'intersezione della luce e dell'ombra sarebbero apparsi i colori, se questi avessero origine da una mescolanza di luce riflessa. Ma i contorni delle ombre non appaiono colorati (f. 105ᵛ). Le differenze tra i colori, dunque, dovevano essere date *prima* che la luce venisse riflessa.

Se tuttavia i raggi che giungevano dalle due parti della superficie diversamente illuminata venivano rifratti, i colori apparivano veramente. Anche in questo caso, non si poteva pensare, come suggeriva Boyle [66], che i colori derivassero da un'ulteriore o diversa mescolanza di luce e di ombra o di bianco e nero, perché non c'era *alcun motivo* per cui questa mescolanza, che non produceva i colori durante la riflessione, avrebbe dovuto produrli durante la rifrazione.

I colori, dunque, ossia i raggi atti a produrli, dovevano essere determinati prima della riflessione e della rifrazione. Dal modello esplicativo dell'illusione percettiva di profondità proposto nel f. 105ᵛ, si poteva inferire, una volta eliminate la causa indicata, cioè la riflessione, e la dipendenza dal bianco e dal nero, che i colori scuri fossero prodotti da raggi meno veloci di quelli che producevano i chiari. Così Newton assume che il blu e il porpora derivino da raggi più lenti rispetto ai rossi e ai gialli.

In questo modo l'ipotesi sulla fisiologia della percezione del colore corrispondeva all'assunto sulle proprietà fisiche dei raggi: infatti la sensazione del colore dipendeva dal movimento più o meno uniforme dei nervi ottici eccitato dai globuli che componevano un raggio di luce, dotati, come aveva suggerito Boyle [67], di un grado di velocità determinato. Questo grado di velocità non era tuttavia *prodotto* né dalla riflessione, né dalla rifrazione.

L'assunto che i raggi dotati di un grado di velocità determinato originavano un colore in funzione della velocità stessa e in seguito al movimento da essi prodotto sui nervi ottici, insieme alla constatazione fattuale che nessun colore poteva derivare da una mescolanza di bianco e di nero, cioè da varie quantità di luce riflessa o rifratta, capovolgeva radicalmente l'opinione dominante. Infatti, il bianco e il nero (e i grigi intermedi) risultavano varie mescolanze (atte a produrre movimenti vari sui nervi ottici) di raggi già differenziati per velocità, cioè di colori, e non il contrario. Occorreva, tuttavia, precisare il ruolo svolto dalla riflessione e dalla rifrazione nella produzione dei colori, intendendo la loro azione sulla luce in modo significativamente diverso da quello proposto dai modificazionisti. È esattamente il compito che Newton assegna all'esperimento.

## 6. *Experimenta*

Il primo esperimento in cui Newton utilizza il prisma — certamente accogliendo i suggerimenti di Boyle [68] — non è quello classico in cui la luce lo attraversa proiettando un'iride colorata sulla parete. È improbabile che Newton non conoscesse ancora questo modo di ottenere i colori mediante il prisma, almeno nella forma in cui era riportato da Descartes nelle *Météores*, da Hobbes nel *De corpore*, o dallo stesso Boyle. Le *Quaestiones* infatti attestano che Newton già conosceva le opere di questi autori. L'interrogativo è comunque di scarsa rilevanza. È certo tuttavia che l'esperimento in questa forma non sarebbe stato ancora significativo rispetto alle ipotesi teoriche avanzate fino ad ora da Newton. Il punto più rilevante che intendeva sottoporre a prova sperimentale era il seguente: la luce riflessa non veniva ulteriormente mescolata dal prisma, e quindi la rifrazione non produceva i colori sommando luce e ombra, proprio come ciò non accadeva nel caso della riflessione. L'interesse di Newton è dunque concentrato sulla luce riflessa e su quel che accade quando viene rifratta. Per il momento, la luce incidente direttamente sul prisma non poteva fornirgli i dati pertinenti.

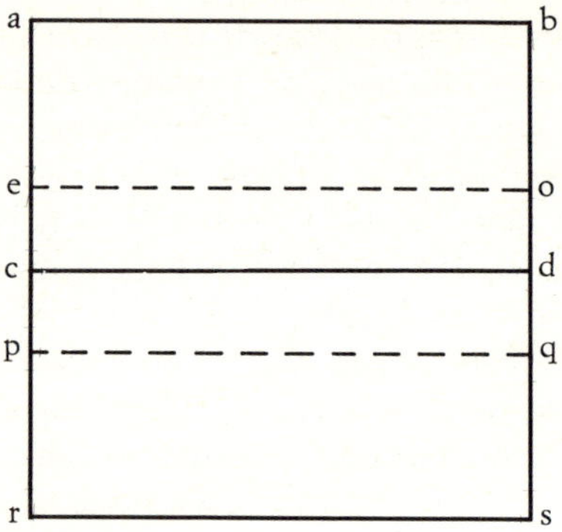


Per esaminare la luce riflessa, Newton si serve di una tavoletta, le cui due metà sono o diversamente colorate o dello stesso colore ma di intensità diversa. La versione più semplice che Newton prende in considerazione è una superficie bianca, per metà illuminata e per metà in ombra. Proprio questa versione rivela chiaramente l'intento di mettere alla prova l'ipotesi, accettata dai più, che il colore fosse una mescolanza di luce e ombra. Newton osserva quindi le due superficie diversamente colorate, o comunque riflettenti diverse quantità di luce, con un prisma triangolare di vetro, tenuto tra l'occhio e le superficie da osservare. Newton non precisa la distanza del prisma dalle superficie riflettenti così come non indica i materiali impiegati. Tuttavia, dall'altezza della banda colorata tratteggiata nel disegno originale di Newton, si può supporre che il prisma fosse collocato a una certa distanza, senza bisogno di ritenere, come suggeriscono McGuire e Tamny[69], una ingiustificata esagerazione di questa altezza, quando appare molto più probabile che il diagramma non rispetti le distanze effettive per motivi di spazio.

Osservando con il prisma le varie coppie di superficie

riflettenti in modo che ognuna compaia prima in alto e poi in basso, Newton annota il colore della prima banda che si forma *sopra* la linea di divisione intermedia. Pur non avendo descritto le modalità dell'esperimento, lo schema e il disegno di Newton sono abbastanza chiari per far considerare improbabile l'interpretazione datane da R. S. Westfall [70].

La zona *eodc* è quella in cui compare la prima banda colorata (al di sopra di questa ne appare un'altra, che Newton non annota, ma a cui farà riferimento commentando l'esperimento) osservando le due superficie con un prisma disposto come indicato nella figura.

La zona *cdqp* indica la banda, corrispondente a *eodc*, da cui provengono realmente i raggi che, rifratti dal prisma, l'occhio vede colorati in *eodc*. Fino ad ora Newton non si

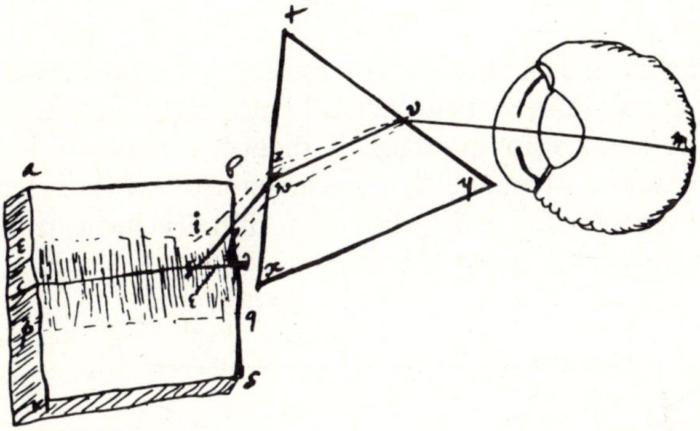

distacca dalle note interpretazioni dei fenomeni di rifrazione, del tipo, per intenderci, del bastone che appare spezzato se immerso parzialmente nell'acqua. Così concepito, l'esperimento non può in alcun modo mostrare una differenza di rifrangibilità dei raggi colorati, prima di tutto perché nella zona *eodc* compare sempre un solo colore, per cui non è possibile alcun confronto, in secondo luogo perché Newton non si preoccupa affatto di misurare l'angolo di incidenza dei raggi provenienti da *cdqp*. In effetti, fatto l'esperimento, Newton annota soltanto il colore originato per rifrazione della luce riflessa da una superficie colorata e osservato attraverso il prisma come se provenisse dall'altra superficie colorata. Incidentalmente, si può notare che l'uso del prisma come una lente era già stato descritto da Boyle in un contesto alquanto diverso [71].

Se *abdc* è bianco e *cdsr* nero, allora *eodc* è rosso.
Se *abdc* è nero e *cdsr* bianco, allora *eodc* è blu.
Se *abdc* è blu e *cdsr* bianco, allora *eodc* è più blu.

| Se *abdc* è | e *cdsr* è | allora *eodc* è |
|---|---|---|
| bianco | blu | rosso |
| nero | blu | più blu |
| blu | nero | verde o rosso |
| nero | rosso | blu |
| rosso | nero | più rosso |
| rosso | bianco | blu |
| bianco | rosso | più rosso |
| bianco | più bianco | blu |
| più bianco | bianco | rosso |
| nero | più nero | verde o rosso scuro |
| più nero | nero | blu [72] |

Nonostante la casualità apparente nell'accostamento delle superficie colorate, è rintracciabile un certo ordine. I colori combinati sono solo quattro: il bianco e il nero; il blu e il rosso. Newton prosegue le combinazioni possibili secondo il seguente schema e nell'ordine dei numeri indicati, ma non associa tra loro il rosso e il blu:

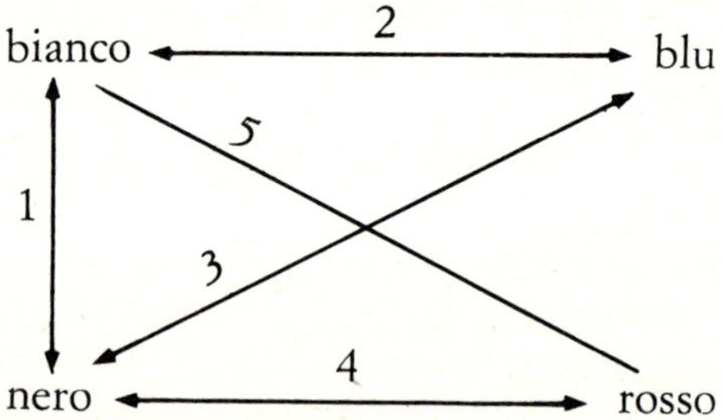


Da ultimo sono esaminati due gradi di intensità luminosa del bianco e del nero. Del resto, anche nell'accostamento dei quattro colori precedenti, si dà sempre una differenza di intensità luminosa, massima tra il bianco e il nero, minima tra il nero/blu e il bianco/rosso.

Dalle scelte di accostamento operate da Newton, mi sembra evidente che l'esperimento è focalizzato intorno a quei caratteri su cui erano fondate le principali teorie modificazionistiche: bianco/nero, chiaro/scuro: in una parola, luce e ombre. Potevano il rosso e il blu essere intesi come una mescolanza di luce e ombre operata dalla rifrazione? Ma se erano mescolanze di luce e ombre perché non comparivano anche all'intersezione delle due superficie durante la riflessione? Le risposte dei modificazionisti erano piuttosto confuse: Boyle suggeriva vagamente che le rifrazioni alterassero considerevolmente (a differenza delle riflessioni) i raggi o il moto dei raggi [73]. Alterare i raggi o il moto dei raggi significava, comunque, variare la quantità di luce che giungeva all'occhio in una unità di tempo, e non si capiva perché ciò producesse un colore e non un aumento o una diminuzione di intensità.

D'altra parte, era evidente che l'accostamento di colori chiari e scuri era una condizione per la riuscita dell'esperimento. Newton avrebbe dovuto fornire una spiegazione soddisfacente di questo fatto per togliere ai modificazionisti un forte argomento a loro favore. Occorreva inoltre giustificare perché *eodc* appariva rosso se, e solo se, la superficie sottostante *cdsr* era più scura di quella soprastante *abdc*, e viceversa quando appariva blu. Anche se non lo annota esplicitamente, infatti, Newton ha certamente osservato la costanza dei risultati ottenuti, il fatto cioè che *eodc* è sempre o rosso o blu o una variazione del loro grado di intensità, qualunque sia l'accostamento delle superficie. Questo dato verrà poi evidenziato nel MS Add. 3975, in cui Newton descriverà in forma semplificata lo stesso esperimento [74]. Anche i dubbi relativi al blu/nero — che darebbe un verde o un rosso —, e al più nero/nero — che darebbe un verde o un rosso scuro — verranno risolti a favore del rosso. Rifacendo l'esperimento, si può attribuire il dubbio di Newton al fatto che, nei casi citati, la fascia del verde, che è il secondo colore, appare molto più larga e accentuata della sottile fascia rossa. Come si è detto, Newton non annota il secondo colore che appare al di sopra del primo, ma li terrà presenti quando fornirà l'interpretazione dell'esperimento: il porpora al di sopra del blu nell'accostamento scuro/chiaro; il giallo al di sopra del rosso nell'accostamento chiaro/scuro; il verde al di sopra del rosso nell'accostamento scuro/più scuro. L'esperimento consentiva così di individuare i cinque colori principali dello spettro o dell'iride prismatica, come l'aveva chiamata Boyle. Newton si accinge quindi a interpretare i dati ottenuti con l'esperimento, formulando per la prima volta una teoria alternativa a quella modificazionistica, sulla base tuttavia di ipotesi e di assunti che quest'ultima accettava o suggeriva, soprattutto nella forma, alquanto problematica, che essa aveva assunto nell'opera di Boyle.

## 7. *Interpretazioni*

L'interpretazione newtoniana dell'esperimento delle due superficie riflettenti, osservate attraverso un prisma di vetro, è contenuta in due brevi note, estremamente ellittiche, del f. 122ᵛ delle *Quaestiones*. Ci soffermeremo su queste due note, perché la loro esatta comprensione ci consentirà di intendere il modo in cui Newton è giunto al primo nucleo della sua scoperta, cioè a inventare un nuovo modello teorico per la spiegazione della luce e dei colori.

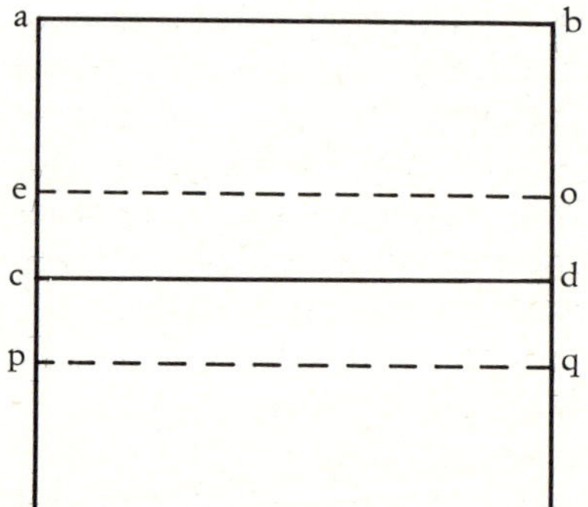


1. Nota che raggi lentamente mossi sono rifratti più di quelli veloci.

2. Se *abdc* è ombra e *cdsr* bianco, allora i raggi lentamente mossi provenienti da *cdqp* saranno rifratti come se venissero da *eodc*. Cosicché il raggio lentamente mosso essendo separato a causa della rifrazione da quelli veloci, ne sorgono due specie di colori, cioè: da quelli lenti il blu, color cielo, e il porpora; da

quelli veloci, il rosso e il giallo; e da quelli che sono mossi né molto velocemente né lentamente sorge il verde; ma dai raggi mossi lentamente e velocemente, mescolati, sorge il bianco, il grigio e il nero. Da ciò segue che *cdqp* non apparirà rosso a meno che *pqsr* sia scuro, perché come molti raggi lenti provenienti da *cdqp* sono rifratti come se venissero da *eodc*, così molti raggi lenti vengono da *pqsr* e sono rifratti come se venissero da *cdqp*, a meno che *pqsr* sia più scuro di *cdqp*[75].

Per comprendere il significato della nota 1, occorre ribadire che l'esperimento, così come è raffigurato e annotato da Newton, non consente affatto di osservare una qualunque differenza nella rifrazione dei raggi colorati. La nota 1 non può dunque essere una constatazione fattuale, così come ritengono sia Westfall che McGuire e Tamny[76], ma è un assunto, anzi la conseguenza di un assunto. L'assunto consiste propriamente nell'assegnare ai raggi colorati diversi gradi di velocità prima che essi siano riflessi o rifratti. Si è già ricostruito il processo mediante il quale Newton è giunto a escludere che la riflessione o la rifrazione possano produrre autonomamente i colori. Si è anche visto che l'assunto che attribuiva differenze di velocità ai raggi, corrispondeva all'ipotesi fisiologica che i colori derivassero da un moto uniforme o vario dei nervi ottici.

Nella nota 1 Newton esplicita quale effetto la rifrazione produrrebbe su raggi dotati di diversi gradi di velocità. Dalla nota 2 si può facilmente ricavare anche quale effetto produrrebbe la riflessione su tali raggi.

Per il momento, a Newton non interessa l'effetto di spostamento maggiore o minore che la rifrazione dovrebbe produrre su raggi dotati di diversi gradi di velocità, ma unicamente l'effetto di separazione, conseguente al primo, è vero, ma che è il solo effetto che l'esperimento concepito da Newton può mostrare. Solo in questo modo Newton può escludere che l'effetto di spostamento, che sarà messo in luce da un esperimento apposito, non sia prodotto dalla rifrazione su raggi indifferenziati, come volevano i modificazionisti, Boyle compreso.

La nota 1 è l'assunto chiave per intendere la nota 2: raggi aventi un diverso grado di velocità non saranno rifratti ugualmente. Da notare che questo assunto presuppone che la rifrazione non alteri la velocità dei raggi o almeno, se alterazione ci sia, che la conservi in modo proporzionale. La conseguenza che raggi diversamente veloci si rifrangerebbero diversamente è facilmente derivabile dalla spiegazione cartesiana contenuta nel secondo discorso della *Dioptrique*, che Newton conosceva certamente [77].

La nota 2 prende in considerazione l'esperimento delle due superficie riflettenti nel caso più semplice, in cui è presente solo una notevole differenza di luminosità, essendo la superficie superiore in ombra e l'inferiore illuminata, ossia bianca.

In questo caso, dalla zona bianca *cdqp* dovrebbe provenire una grande quantità di raggi lenti e veloci. In forza dell'assunto contenuto nella nota 1, i raggi lenti, più rifratti, sono *separati* dal prisma come se provenissero, oltre la linea di separazione *cd*, dalla zona *eodc*, in cui appaiono visibili. I raggi veloci, separati da quelli lenti perché meno rifratti, sembrerebbero provenire dalla zona chiara al di sotto di *cd*, e perciò non risulterebbero visibili.

Come è facile arguire, l'esperimento non può mostrare comparativamente l'effetto di spostamento prodotto dalla rifrazione, ma solo una sua conseguenza, cioè la separazione dei raggi veloci da quelli lenti, che fa apparire i colori in *eodc*.

Newton non descrive esplicitamente il caso opposto in cui risulta in ombra la superficie inferiore *cdsr*, ma lo prende in considerazione nella parte finale della nota 2. In analogia al caso descritto e rappresentato, tuttavia, le cose dovrebbero andare così: quando la superficie inferiore è in ombra, da *cdqp* non provengono più molti raggi; sempre per effetto dello spostamento selettivo, i raggi veloci apparirebbero in *eodc* e quelli lenti, separati da questi, non risulterebbero visibili.

In tal caso, la fonte reale dei raggi rifratti non sarà più *cdqp*, ma *eodc*, o piuttosto il limite *cd*, altrimenti i raggi veloci, cioè i rossi, dovrebbero apparire un po' sotto la linea di separazione *cd*.

La spiegazione finale della nota 2 suggerisce molto ellitticamente tale interpretazione. Come *eodc* appare blu perché da essa sembrano provenire molti raggi lenti, provenienti in realtà da *cdqp*, così *cdqp* apparirà rossa solo se essi *non* proverranno da *pqsr*, se cioè questa sarà scura. Dunque, *eodc* apparirà rossa solo se i raggi lenti non proverranno da *cdqp*. Questo accade solo quando *cdsr* è scura. Perciò i raggi proverranno dalla zona chiara *abdc*: i lenti saranno dispersi, i veloci faranno apparire il colore. In tutti i casi, l'effetto della diversa rifrazione è sempre lo stesso: separare i raggi lenti da quelli veloci quando provengono da una zona più chiara di un'altra, che deve evidentemente riflettere una maggiore mescolanza di raggi dotati di diverse velocità. Di conseguenza, Newton, per giustificare i risultati ottenuti nel f. $122^r$ con questo modello, deve supporre che le differenze di colore delle superficie riflettenti siano meno importanti delle differenze di luminosità. A sua volta, questa conclusione implica che i colori chiari accostati a quelli scuri diano sempre gli stessi risultati, anche nel caso che la differenza di luminosità si dia tra due gradi dello stesso colore. Infatti i risultati ottenuti nell'esperimento delle due superficie potevano essere così generalizzati:

| Caso A<br>La zona *eodc* è blu | Caso B<br>La zona *eodc* è rossa |
|---|---|
| Disposizione delle superficie (sopra/sotto): | |
| nero/bianco | bianco/nero |
| blu/bianco | bianco/blu |
| nero/blu | blu/nero |
| nero/rosso | rosso/nero |
| rosso/bianco | bianco/rosso |
| bianco/più bianco | più bianco/bianco |
| più nero/nero | nero/più nero |

Gli interrogativi più inquietanti li ponevano proprio i due ultimi accostamenti perché sembravano suffragare la teoria modificazionistica fondata sull'ipotesi che i colori derivassero da una mescolanza di luce e ombra. Il fatto continuerà a sembrare strano a Newton anche nel MS Add. 3975, composto quando ormai la nuova teoria dei colori era già a buon punto. L'esperimento viene così riesposto:

Se il foglio *abcdsr* è dipinto con due colori qualsiasi e *abcd* è il colore più luminoso, la linea di divisione dei colori *cd* apparirà attraverso il prisma *txy* di colore rosso, ma se *cres* è il colore più luminoso, la linea comune *cd* apparirà attraverso un prisma blu.

E questo accadrà sebbene i colori non differiscano in specie ma solo per gradi: se *acdb* è nera, e *cdsr* oscura o più nera di *abcd*, la linea *dc* sarà rossa e molto più brillante (*conspicuous*) del nero, il che è strano [78].

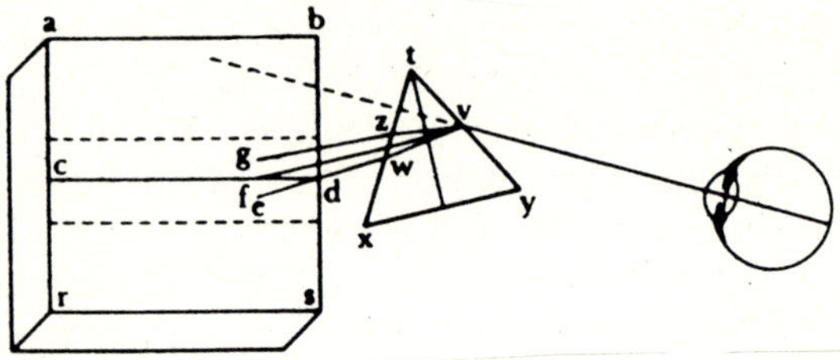


Newton ritiene strano il fatto assai probabilmente perché sembrava suggerire che la differenza di luminosità avesse una qualche efficacia nella produzione del colore, cosa da lui energicamente esclusa già nel f. 105$^{v}$ [79]. Tuttavia Newton ha già abbozzato una risposta:

Ma se in una camera oscura il blu o il rosso prismatico [ottenuti cioè facendo passare la luce attraverso un prisma] cadono su un foglio *abcd* i bordi della carta non appariranno altrimenti colorati attraverso un altro prisma di quanto non appaiano a occhio nudo, cioè: saranno dello stesso colore del resto del foglio. [Poiché il primo prisma separa perfettamente i raggi blu e rossi mentre ritengo che tutti i colori propri ai corpi siano un poco misti] [80].

È possibile che questa aggiunta sia posteriore, o che sia stata posta tra parentesi per evidenziarne l'importanza. Essa comunque attesta che non è chiamata in causa per la produzione del colore la differenza di luminosità, ma una imperfetta separazione prodotta sulla luce dal corpo che la riflette. Nelle *Quaestiones* questa consapevolezza non era ancora stata raggiunta pienamente da Newton perché non aveva attribuito ai raggi di luce delle proprietà permanenti. Prima di esaminare questo punto, è forse utile sottolineare che, riesponendo l'esperimento delle superficie riflettenti, Newton non fa alcun accenno all'evidenza di una diversa rifrazione dei raggi colorati, a conferma che essa era stata derivata, nelle *Quaestiones*, dall'assunto della diversa velocità dei raggi di luce, ora lasciato cadere a favore di una descrizione fattuale dell'esperimento.

## 8. *Spostamenti di significato*

A questo punto della sua ricerca, Newton ha in gran parte modificato il modello esplicativo della genesi dei colori, proposto da Descartes e perfezionato da Boyle. Entrambi avevano sostenuto la teoria secondo cui i colori si producevano per effetto di una modificazione della luce durante la riflessione e la rifrazione. Per Descartes queste modificazioni erano apparenti, cioè non alteravano la natura della luce che, consistendo in una pressione, veniva soltanto variamente comunicata, a causa delle rotazioni dei globuli, al sensorio. Per Boyle le modificazioni sono reali, perché introducono differenze fisiche tra i raggi dopo che sono riflessi o rifratti, come un certo grado di velocità, un certo ordine delle particelle, un certo tipo di moto (diretto o ondulatorio). Tutte queste differenze sono acquisite e possono essere ricondotte a varie mescolanze di luce e ombra, che giungono al sensorio producendovi una varietà di impulsi.

Come si è visto, Newton era partito da un'ipotesi di tipo modificazionistico per dar conto dell'illusione percettiva di profondità. Questa ipotesi era stata abbandonata quasi subito, perché incompatibile con la conclusione fattuale che i colori non sorgono da una variazione della quantità di luce riflessa. Newton aveva pensato di aggirare l'ostacolo introducendo una modalità nella modificazione del sensorio, per cui quest'ultimo risultava sensibile non tanto e indiscriminatamente alla quantità di luce, quanto all'uniformità o alla varietà del moto prodotto dai globuli che la componevano. Newton suppone che l'uniformità del moto del sensorio consegua e derivi dal diverso grado di velocità uniforme dei raggi, e la varietà dalla mescolanza di raggi diversamente veloci. Fin qui il modello esplicativo di Newton era del tutto compatibile con l'ipotesi modificazionistica della luce perché niente impediva di ritenere che tanto il diverso grado di velocità dei raggi quanto la loro diversa mescolanza fossero proprietà acquisite durante la riflessione e la rifrazione.

Ma la luce era priva di colore? Se il sensorio era sensibile soltanto a moti uniformi e vari, come poteva essere sensibile alla luce se questi moti uniformi e vari erano acquisiti solo dopo che la luce era riflessa o rifratta? O la luce non era visibile, o doveva avere un colore. Fin dalla prima annotazione *Of Colours* del f. 105$^{v}$, Newton aveva manifestato di intendere la luminosità e la bianchezza come proprietà strettamente correlate. Lo stesso Boyle aveva esplicitamente identificato la luce con la bianchezza, suggerendo che proprio per questo la via lattea appariva bianca e che il bianco dei corpi sorgeva dalla luce riflessa *senza* alterazione.

Se il bianco era una mescolanza di raggi diversamente veloci riflessa dai corpi, la luce doveva essere una mescolanza di raggi diversamente veloci ancor prima di essere riflessa. Per questo, nessuna mescolanza di bianco e di nero produceva un colore.

Newton può dunque interpretare l'esperimento delle superficie riflettenti osservate attraverso il prisma come una conferma che i colori non erano ottenuti per mescolanza o per proprietà meccaniche acquisite *ex novo* ma per separazione di queste stesse proprietà presenti nella luce. Questo effetto di separazione era una conseguenza del diverso spostamento causato su raggi diversamente veloci dalla rifrazione. La rifrazione poteva separarli proprio perché erano già diversamente veloci.

La diversa velocità dei raggi si deve ritenere una loro proprietà intrinseca? McGuire e Tamny rispondono negativamente: infatti la velocità è un parametro che può essere alterato quando i raggi interagiscono con i corpi [81]. Come afferma anche A. I. Sabra, poiché le velocità dei raggi sono influenzate dalla struttura dei corpi, non c'è una velocità unica sempre associata con un raggio dato [82]. Entrambe le affermazioni sono corrette, ma non sembrano affatto smentire l'interpretazione secondo cui le diverse velocità dei raggi sono intrinseche alla luce, cioè presenti nella luce *prima* di essere influenzate dalla struttura dei corpi. Non è la velocità ad essere intrinseca al raggio, ma i raggi di diversa velocità ad essere intrinseci alla luce.

È certo che Newton, a questo stadio della ricerca, non ritiene i colori, cioè le velocità a cui sono associati, proprietà immutabili, originarie e innate ai raggi. Tuttavia, poiché la posizione di Newton non è più genuinamente modificazionistica, come sostengono anche McGuire e Tamny, non è sufficiente ritenere che Newton si limiti ad affermare che « i colori prodotti quando la luce colpisce l'occhio sono il risultato di raggi che si muovono con varie velocità » [83]. Questa è una tesi modificazionistica, tra l'altro chiaramente sostenuta da Boyle [84]. Occorre anche aggiungere che le varie velocità con cui i raggi colpiscono l'occhio non sono originate dalla riflessione o dalla rifrazione, ma sono presenti, intrinsecamente anche se non immutabilmente presenti, nella luce. Newton non si chiede quale sia la causa della diversa velocità dei raggi che compongono la luce: applicando, in ciò, il metodo della generalizzazione appreso da Boyle [85].

Inoltre, se è vero che, a questo punto della ricerca, per Newton non c'è una velocità unica sempre associata con un raggio dato, è vero tuttavia che c'è una sensazione di colore unica sempre associata con una velocità data. Per questo motivo, Newton potrà assimilare l'azione dei raggi, dipendente da una velocità data, con la pressione maggiore o minore esercitata da un dito sull'occhio [86].

L'incertezza di queste interpretazioni (McGuire e Tamny sostengono, seguendo Sabra, che Newton non è modificazionista adducendo come argomento probante una tesi modificazionistica; Westfall e Hendry [87], al contrario, ritengono che Newton già consideri le differenze di rifrazione come proprietà immutabili dei raggi) deriva in gran parte proprio dal fatto che la teoria di Newton si è sviluppata gradualmente, per stadi successivi di consapevolezza, dalle teorie precedenti. Essa costituisce il termine di un processo razionale le cui premesse erano in gran parte presenti sia nell'opera di Descartes sia, soprattutto, in quella di Boyle.

Così è certo che l'interpretazione data da Newton all'esperimento delle due superficie riflettenti costituisce il primo nucleo della scoperta della nuova teoria dei colori. Egli assume che la luce sia *intrinsecamente* una mescolanza di raggi dotati di diversi gradi di velocità, che la rifrazione seleziona in quanto tali in conseguenza del diverso spostamento prodotto. Questa assunzione è del tutto nuova. Si è visto però che essa deriva da due suggerimenti di Boyle apparentemente non connessi: a) la luce è bianca; b) nessun colore si origina dalla mescolanza del bianco e del nero.

Newton non si è tuttavia completamente liberato della teoria modificazionistica, anche se ormai essa riveste solo un ruolo concomitante nella spiegazione dei colori. Se è vero che la luce è intrinsecamente una mescolanza di raggi associati a un grado di velocità, questo grado di velocità non è immutabile, cioè non è intrinseco al raggio in quanto tale. La struttura del corpo che riflette la luce può influenzare questa velocità, diminuendo il moto del raggio o annullandolo del tutto. Questa affermazione ripropone il modello modificazionistico di Boyle, anche se ne cambia il significato. L'azione del corpo non è più esercitata, infatti, su entità indifferenziate (raggi o corpuscoli) su cui produce quelle modificazioni che appaiono come colore, ma su entità già differenziate quanto alla velocità. Il corpo quindi agisce su raggi già differenziati (cioè già atti a produrre un dato colore), e la sua azione modificatrice è piuttosto la trasformazione di una proprietà già esistente che la formazione di una nuova. Si aggiunga che la sensazione di colore è unica rispetto a una velocità data, per cui la trasformazione operata dal corpo sulla luce si limita a variarne le componenti. Questo significa soltanto che l'ordine dei corpuscoli aventi una velocità data nella luce incidente non è lo stesso dell'ordine dei corpuscoli aventi la stessa velocità nella luce riflessa. Ma i corpi non possono evidentemente produrre colori che non siano la trasformazione di quelli mescolati nella luce, o piuttosto la loro selezione, dal momento che la loro azione si esercita su una mescolanza che viene o semplificata nei suoi elementi o mantenuta come tale.

Come osservano McGuire e Tamny, al tempo in cui questi fogli furono scritti Newton « aveva *una* teoria della luce bianca (e grigia e nera) come una mescolanza di colori o, detto propriamente, che la causa delle nostre sensazioni della luce bianca è la mescolanza delle cause delle sensazioni dei colori » [88].

La convinzione di Newton che queste cause fossero separate dalla rifrazione aveva anche un riscontro sperimentale. Avendo infatti assunto, nell'interpretazione dell'esperimento delle due superficie riflettenti, che raggi diversamente veloci venissero anche diversamente rifratti, Newton escogita un esperimento in cui lo spostamento prodotto da una eventuale rifrazione differenziale risulti visibile. Questo esperimento va inteso come una conferma sperimentale della nota 1 posta all'inizio del f. $122^{v}$, e non certo come un ulteriore esempio aggiunto all'esperimento delle superficie riflettenti, il quale non mostrava la rifrazione differenziale, ma l'esigeva[89].

Che i raggi che producono il blu sono rifratti di più dei raggi che producono il rosso appare da questo esperimento: se una metà del filo *abc* è blu e l'altra rossa, e un corpo nero o in om-

a b c

bra è posto dietro di esso, allora guardando il filo attraverso un prisma, una metà del filo apparirà più alta dell'altra, e non entrambe su una linea retta, a causa delle diverse rifrazioni dei due colori differenti[90].

Con questo esperimento Newton ha un'evidenza fattuale che la rifrazione provoca uno spostamento nei raggi che producono i diversi colori, e che quindi essa potrebbe selezionarli se questi raggi si presentassero mescolati. Ovviamente Newton non può escludere che la proprietà per cui i raggi producono il blu o il rosso (la diversa velocità, secondo il suo assunto) non sia acquisita durante la riflessione. Anzi poiché anche per Newton non c'è una velocità unica sempre associata con un raggio dato, niente impedisce di ritenere che la velocità dei raggi di luce che incidono sul filo *abc* sia diversa da quella dei raggi riflessi dalle due metà del filo. Ma se fosse diversa, non si potrebbe affatto inferire, dalla diversità di rifrazione dei raggi riflessi dalle due metà del filo, la diversità della velocità dei raggi incidenti piuttosto che quella dei raggi riflessi. Il caso limite poteva essere proprio quello suggerito dai modificazionisti. Erano compatibili con i fatti tre diversi casi:

1. I raggi di luce incidente hanno diverse velocità. I raggi di luce riflessa dalle due metà del filo hanno diverse velocità, ma non le stesse dei primi.

2. I raggi di luce incidente hanno diverse velocità e i raggi di luce riflessa dalle due metà del filo mantengono queste stesse diverse velocità.

3. I raggi di luce incidente hanno la stessa velocità. I raggi di luce riflessa dalle due metà del filo hanno diverse velocità.

In tutti e tre i casi, la rifrazione avrebbe prodotto lo spostamento osservato. Newton opta per il primo caso perché riconosce che la velocità dei raggi può essere influenzata dalla struttura dei corpi che li riflettono. Non può dunque escludere il caso 3, che è un caso limite del caso 1, finché almeno non ha provato che anche la luce incidente è diversamente rifratta come la luce riflessa. Anche così tuttavia i modificazionisti avrebbero potuto ricorrere al caso 3.1: I raggi di luce incidente hanno la stessa velocità. I raggi di luce rifratta hanno diverse velocità.

Non essendoci infatti una velocità unica sempre associata con un raggio dato, anche la rifrazione avrebbe potuto influenzare, mediante la struttura del corpo rifrangente, la velocità dei raggi. L'affermazione « i raggi sono diversamente rifratti perché sono diversi » risultava indecidibile rispetto all'altra: « i raggi sono diversi perché diversamente rifratti ». Questo spostamento di significato corrispondeva a un altro spostamento di significato, in cui era contenuto il nucleo della scoperta newtoniana. La contrapposizione era questa: « La luce bianca è una mescolanza di diversi colori »; « I colori sono una diversa mescolanza di luce bianca (luce e ombre) ». Newton aveva ritenuto di poter decidere per il primo enunciato, in conseguenza della constatazione fattuale che nessun colore nasce da una mescolanza di bianco e di nero. Ma non c'era alcuna correlazione di necessità tra l'enunciato « la luce bianca è una mescolanza di colori » e « i raggi sono diversamente rifratti perché sono diversi » finché la velocità (cioè la causa della diversità) non fosse associata ai raggi così che ogni raggio dato possedesse un'unica velocità. Newton avrebbe dovuto contemplare esclusivamente il caso 2. Ma era impensabile che una proprietà come la velocità potesse essere mantenuta da un raggio in modo permanente dopo l'urto con corpi aventi strutture tanto diverse.

Fin che non avesse chiarito questo punto, Newton non avrebbe potuto svincolarsi completamente dalle teorie modificazionistiche.

La nota 4 del f. 122$^{v}$ delle *Quaestiones* possiede tutti i caratteri di una fase intermedia nel passaggio da una teoria modificazionistica a una innatistica:

4. Donde il rosso (*redness*) il giallo (*yellowness*) ecc. sono prodotti nei corpi fermando i raggi lentamente mossi senza impedire di molto il moto dei raggi veloci; e il blu, il verde e il porpora diminuendo il moto dei raggi più veloci e non di quelli più lenti. Oppure in alcuni corpi tutti questi colori possono sorgere diminuendo il moto di tutti i raggi in una maggiore o minore proporzione geometrica, poiché allora ci sarà una differenza minore nei loro moti che non altrimenti [91].

Questa nota precisa l'effetto che può produrre la riflessione su una mescolanza di raggi di diversa velocità per far sorgere i colori dei corpi. Come nel caso della rifrazione, anche ora i colori appaiono per effetto di una selezione. Questa selezione però non mantiene inalterate le velocità dei raggi, e dunque li modifica quanto al colore. Newton utilizza qui lo stesso modello proposto da Boyle per la spiegazione dei corpi neri estendendolo a tutti i colori (tranne il nero che per Newton è ormai, come il bianco, una mescolanza di colori): « [...] si può dire che i corpuscoli, che compongono i raggi di luce [...] cadendo su corpi neri si incontrano con una struttura tale che tali corpi ricevono in se stessi e assorbono quasi tutto il moto comunicato loro dai corpuscoli che compongono i raggi di luce, e di conseguenza riflettono solo alcuni di essi, o questi stessi ma fiaccamente (*languidly*) » [92].

Naturalmente Boyle non suppone che i raggi incidenti abbiano diverse velocità, ma solo che alcuni di essi siano fermati o riflessi più lentamente; il loro *moto* viene comunque modificato da quei corpi che riflettono o un numero minore di corpuscoli con la stessa velocità o gli stessi corpuscoli con minore velocità. Questa affermazione di Boyle, come si è visto, si avvale del paragone cartesiano della palla che viene riflessa con diverse velocità in proporzione all'elasticità dei corpi su cui è lanciata. Newton può dunque riproporre modificata la stessa spiegazione avanzata nel f. 105$^{v}$ per dar conto dell'illusione percettiva di profondità di due diversi colori, questa volta riferita al potere elastico di un corpo responsabile della maggiore o minore luminosità di un colore e non della differenza tra i colori: « 5. Se le particelle in un corpo non hanno un potere elastico tanto grande da mandare indietro l'intero moto di un raggio, allora quel corpo può essere di colore più chiaro o più scuro a seconda che le virtù elastiche delle parti di quel corpo siano maggiori o minori » [93].

La selezione in questo caso viene esercitata su un certo tipo di raggi di cui il corpo assorbe più o meno il moto: come per Boyle, il moto può essere modificato diminuendo il numero dei corpuscoli ma non la loro velocità, oppure variando la velocità dello stesso numero di corpuscoli, o anche il numero dei corpuscoli *e* la velocità. Così un diverso potere elastico può differenziare due corpi colorati di diversa luminosità e due corpi di diverso colore a seconda di come viene modificato il moto. Oltre alle virtù elastiche del corpo anche quelle della materia sottile (i globuli o i corpuscoli) che conserva i moti dei raggi possono interagire con la struttura del corpo per produrre i colori: « 6. Se ci sono particelle slegate (*loose*) nei pori di un corpo che rendendoli molto stretti o impedendo in qualche altro modo il potere elastico della materia sottile a causa di cui i moti dei raggi sono conservati, quel corpo può avere un certo colore » [94].

È chiaro che le note 4, 5 e 6 attestano il tentativo di Newton di rendere compatibili le ipotesi modificazionistiche con il proprio assunto che la luce bianca è una mescolanza di raggi di diverse velocità. In effetti fin che il parametro per la distinzione dei raggi colorati è la velocità, Newton non può fare a meno di formulare ipotesi modificazionistiche. Queste ipotesi gli consentono di interpretare i risultati dell'esperimento delle due superficie riflettenti senza ricorrere alla mescolanza della luce e delle ombre, cioè alla variazione della quantità di luce. Egli fa appello alla variazione della quantità di movimento in proporzione alle diverse velocità dei raggi. In questo modo non è la quantità totale del movimento che produce il colore (cosa che, in pratica, riproporrebbe il parametro della quantità di luce, cioè la mescolanza di luce e ombra), bensì il moto dei raggi predominanti. Si supponga infatti che le velocità dei raggi incidenti abbiano la proporzione 2 : 4 : 6 : 8; il corpo, per i motivi addotti nelle note 5 e 6 riduce questa proporzione in modo geometrico, e.g. di $1/2$, $1/2^2$, $1/2^3$, $1/2^4$; le velocità dei raggi riflessi dal corpo saranno in questa proporzione 1 : 1 : 3/4 : 1/4. Ne risulta che il moto dei raggi più veloci è diminuito ma non quello dei raggi più lenti. Nello stesso tempo le differenze complessive tra i moti saranno diminuite. In conseguenza di questa ipotesi, Newton può supporre che le superficie chiare si comportino, nel riflettere la luce, qualunque sia il loro colore, come le superficie bianche, mantenendo cioè un certo grado di differenza tra le velocità dei raggi; mentre le superficie scure, al contrario, come le superficie nere, diminuirebbero queste differenze. L'ipotesi era in grado di giustificare i risultati dell'esperimento delle superficie riflettenti, soprattutto la possibilità di considerare tutti i casi come varianti dell'accostamento bianco/nero (e viceversa) senza ricorrere alla variazione della quantità di luce, cioè alla mescolanza della luce e delle ombre. La luce riflessa dai corpi doveva essere ritenuta sempre « un poco mista », ma mista di raggi colorati, non di luce e ombra. Come si è visto, questa consapevolezza è raggiunta in modo esplicito nel MS Add. 3975 [95]. Lo « strano » risultato che una superficie nera si comportava, rispetto a una superficie più nera, come una superficie bianca, giacché la luce da essa riflessa veniva scomposta dal prisma formando un rosso scuro (e una banda più ampia di luce verde, anziché gialla come negli altri casi), dovette convincere Newton che il fenomeno era connesso in modo contingente alla struttura dei corpi. Tutto questo cospirava a far sì che Newton mantenesse e sviluppasse ipotesi modificazionistiche, costruendo modelli esplicativi affini alle « favole » cartesiane. È certo tuttavia che l'uso di questi modelli risente profondamente della posizione di Boyle nei confronti delle ipotesi. La loro indeterminatezza, o, come osservano McGuire e Tamny [96], vaghezza, non è un inconveniente che dipenda da una loro presunta debolezza speculativa, ma è il risultato di quell'atteggiamento metodologico che Boyle aveva proposto per evitare che le ipotesi determinassero i fatti. Newton aveva ormai un certo numero di dati sperimentali che condizionavano con il loro peso la scelta delle ipotesi compatibili nelle tre direzioni della ricerca indicate da Boyle e concernenti 1) la natura della luce; 2) la natura dei corpi; 3) la natura del sensorio. Le tre direzioni si intrecciavano nel senso che ogni passo avanti in ognuno di questi tre ambiti influenzava gli altri due. I dati fattuali di cui Newton disponeva riguardavano principalmente il punto 1, e i più significativi erano i seguenti:

a) nessun colore nasce da una mescolanza di bianco e di nero;

b) i raggi che producono un colore sono diversamente rifratti da un prisma;

c) la luce riflessa da superficie variamente colorate produce gli stessi colori quando viene rifratta da un prisma.

Il punto b) era stato ottenuto come conferma di un assunto esplicativo del punto c), che cioè raggi diversamente veloci sono diversamente rifratti. Ne conseguiva il primo nucleo della scoperta di Newton: la luce bianca è composta di raggi che producono diversi colori. L'assunto esplicativo del punto b) richiedeva un altro assunto esplicativo riguardante la direzione 3: i nervi ottici percepivano un colore quando erano mossi in modo uniforme e una variazione della luce bianca (bianchi, grigi e neri) quando erano mossi in modo vario. La direzione 2, concernente la natura dei corpi, era la più indeterminata, e qui Newton propone il maggior numero di ipotesi esplicative.

Queste ipotesi sono necessariamente modificazionistiche: non solo perché, come si è già osservato, la velocità non è associata con un raggio dato, ma in generale perché Newton ritiene che le caratteristiche del corpo interagiscano in modo determinante su qualsiasi proprietà meccanica dei raggi.

Newton prende in considerazione: l'elasticità dei corpi, l'elasticità della materia sottile che conserva il movimento dei corpuscoli che formano i raggi di luce, la densità dei corpi e la presenza nei loro pori di materia sottile o di strozzature in grado di ritardare o meno la velocità dei raggi. Un caso particolare è dato dalla costruzione di un modello matematico che prende in considerazione anche la grandezza o la massa dei globuli, poiché « anche se due raggi fossero ugualmente veloci tuttavia se un raggio fosse minore dell'altro quel raggio avrà tanto minore effetto sul sensorio di quanto ha un moto minore dell'altro » [97]. Questo modello della massa è in realtà una variante del modello precedente fondato unicamente sulla velocità, giacché in quest'ultimo caso la grandezza — o la massa — del corpuscolo di luce era considerata uguale per tutti i corpuscoli. Il modello massa introduce un'ulteriore variabile a cui è legata la variazione di moto prima e dopo l'urto, e l'intervento eventuale delle forze elastiche (non previsto da Newton nel suo esempio).

Il vantaggio del modello massa sarebbe stato quello di supporre che i raggi incidenti differissero più per le caratteristiche fisiche dei globuli che per quelle meccaniche. Anche in questo caso, tuttavia, poiché il colore non era prodotto dalla massa del corpuscolo, ma dal suo movimento, era possibile associare in modo permanente un dato colore con una data quantità di moto? Ogni ipotesi meccanica sembrava avvalorare, direttamente o indirettamente, la tesi per cui il colore risultava essere una modificazione della luce da parte della struttura dei corpi. Qualunque cosa fosse la luce prima di essere riflessa o rifratta, essa veniva ulteriormente diversificata dall'azione meccanica dei corpi che la riflettevano o la trasmettevano.

## 9. *Ricerche fisiologiche*

L'ipotesi fondamentale di Newton relativa al modo in cui il sensorio recepisce i colori è, come si è visto, uno sviluppo dell'idea cartesiana, esposta nel discorso VI della *Dioptrique*, secondo cui la sensazione della luce « è la forza di quei movimenti che hanno luogo nelle parti del cervello donde provengono i piccoli filamenti dei nervi ottici, mentre è il modo in cui si fanno questi stessi movimenti a procurarle [all'anima] quella del colore »[98]. Descartes aveva portato come esempio il caso di chi è ferito all'occhio e vede dei lampeggiamenti anche se tiene gli occhi chiusi o si trova in un luogo oscuro. A questo stesso motivo, cioè all'effetto di un colpo sull'occhio, Descartes riporta anche i noti casi di permanenza di un'immagine molto luminosa sulla retina:

Ciò trova pure conferma nel fatto che, se talvolta forziamo i nostri occhi a guardare il sole o qualch'altra luce molto intensa, essi, dopo un po' di tempo, ne conservano l'impressione in modo che, anche quando li teniamo chiusi, ci par di vedere diversi colori che mutano e passano dall'uno all'altro via via che si indeboliscono: ciò, in realtà, può dipendere solo da questo, che i piccoli filamenti del nervo ottico, essendo stati violentemente agitati, non possono subito fermarsi come fanno di solito; ma il movimento che rimane in loro anche quando gli occhi son stati chiusi, non essendo abbastanza forte per rappresentare l'intensissima luce che l'ha causato, rappresenta colori meno vivi. Questi, *indebolendosi*, *cambiano*, e ciò mostra che la loro natura non consiste che nella diversità del movimento [...] [99].

Con questo esempio, Descartes poneva chiaramente una relazione tra i colori e qualunque causa potesse produrre un movimento sui nervi ottici: il cambiamento della sensazione dei colori era proporzionale alla forza esercitata, cioè, in ogni caso, alla durata del movimento impresso sui nervi ottici dall'urto o dal colpo dell'agente. Una ferita all'occhio o una luce intensissima provocavano lo stesso effetto: i colori risultavano visibili anche a occhi chiusi. Descartes riteneva che altri meccanismi della visione fossero influenzati dalle azioni meccaniche esercitate sull'occhio, come la visione doppia in seguito alla pressione di un dito, ecc.

Lo studio delle immagini che potevano essere ottenute a occhi chiusi, un tempo confinate nel dominio dell'apparenza e dell'illusorietà, acquistava in tal modo un'importanza euristica mai prima posseduta. Se, escludendo la luce, si potevano ottenere, a occhi chiusi, delle immagini colorate, queste dovevano provenire da cause interne al sensorio ed erano connesse al suo funzionamento in quanto tale. L'omologia tra i movimenti prodotti dall'esterno e quelli prodotti dall'interno giustificava l'identità degli effetti ottenuti, e lo studio del sensorio e del suo funzionamento avrebbe potuto rivelare anche la natura delle cause che agivano su di esso. Studiare le modificazioni del sensorio per comprendere la natura della luce che tali modificazioni doveva produrre, diventava un programma di ricerca promettente.

Boyle è il primo a comprendere le potenzialità intrinseche di questo programma che è, al di sopra di ogni dubbio, cartesiano più che hobbesiano, come pretendono McGuire e Tamny [100]. Boyle, infatti, riprende esplicitamente le osservazioni di Descartes con l'intento programmatico di arricchirle e svilupparle:

Voglio piuttosto osservare, che non solo quando un uomo riceve un forte colpo (*stroke*) sull'occhio, o uno fortissimo su qualche altra parte del capo, è solito vedere, per così dire, lampi di luce, e fiammelle vivide ma evanescenti, forse anche se i suoi occhi siano chiusi: ma simili immagini (*apparitions*) possono prodursi quando il moto non proviene da qualcosa di esterno ma di interno al corpo [...] da causare, sulle estremità interne del nervo ottico, un tal moto come è solito essere qui prodotto quando il colpo della luce sulla retina ci porta a concludere che vediamo o la luce o questo o quel colore. Tutto ciò l'ingegnosissimo Descartes ha molto bene osservato; ma poiché sembra che non l'abbia esemplificato con qualche osservazione non ovvia ossia peculiare, tenterò di illustrare questa dottrina con alcuni esempi [101].

La persistenza dell'immagine nel sensorio è interpretata da Boyle come una permanenza del movimento insolitamente forte prodotto dallo stimolo esterno sulla retina. Sono così possibili tre casi: l'immagine (*apparition*) dei colori è prodotta da movimenti interni, senza l'aiuto di oggetti esterni; l'immagine è prodotta da oggetti esterni, senza movimenti interni indipendenti; infine

è a volte possibile che il colore che diversamente sarebbe prodotto da un oggetto esterno, possa essere cambiato da qualche movimento o da qualche nuova struttura già prodotta nel sensorio, finché quell'insolito moto, o nuova disposizione dura; infatti ho provato diverse volte che dopo aver guardato sul sole con un telescopio, sebbene attraverso uno spesso vetro rosso o blu per rendere sopportabile all'occhio il suo splendore, l'impressione sulla retina sarebbe stata non solo così vivida, ma così permanente, che se in seguito avessi volto l'occhio verso una fiamma, mi sarebbe apparsa di un colore molto differente dall'usuale [102].

Tutto ciò cospirava a legittimare sia l'indagine sulla natura della luce come su quella dei corpi e del sensorio in base agli effetti prodotti dal movimento. Questi effetti si mescolavano tra loro, si sommavano, viziandosi a vicenda, segno inequivocabile che agivano come una causa unica: « Non devo omettere un'osservazione che può persuaderci che un colpo molto forte sul sensorio, specialmente se è per natura di costituzione debole, può produrre un'impressione più durevole di quanto si immaginerebbe; la quale impressione può in alcuni casi, per così dire, mescolarsi con, e viziare l'azione degli oggetti luminosi per molto tempo dopo » [103].

L'interesse che Newton nelle *Quaestiones* mostra per l'argomento si iscrive perfettamente nella suggestione che la lettura di questi passi può aver esercitato su di lui. La sua dipendenza da Boyle è fuori discussione. Non solo ne mantiene gli usi linguistici (il termine *apparition* per designare l'immagine colorata non prodotta da un oggetto esterno), ma tutti i suoi esperimenti fisiologici sono volti a confermare e a precisare dettagli che presuppongono l'analogia tra i moti interni al sensorio e quelli esterni prodotti dagli oggetti luminosi. In altre parole, il programma di ricerca newtoniano sulla fisiologia della visione è il medesimo di quello di Boyle e di Descartes, anche se molto arricchito sperimentalmente.

Così le osservazioni iniziali della voce *Of Vision* del f. 105$^r$ si riferiscono chiaramente alla persistenza del movimento prodotto sul sensorio: « È richiesta una qualche permanenza nell'oggetto per perfezionare la visione. Così, un carbone [acceso] fatto ruotare non è come un carbone ma come un circolo di fuoco... » [104].

L'annotazione sembra essere un'aggiunta alle condizioni poste da Descartes nel discorso VII della *Dioptrique* per la perfezione della visione. L'esempio tuttavia è assimilabile all'effetto che gli oggetti molto luminosi producono sul sensorio, di cui aveva parlato lo stesso Descartes, e che Boyle aveva reso generale per i casi estremi sostenendo una permanenza di notevole durata delle impressioni molto forti, capaci di mescolarsi alle azioni usuali degli oggetti luminosi. Nello stesso f. 105$^r$ ci sono riferimenti alla visione doppia ottenuta per pressione del bulbo oculare, e una domanda sul ruolo della fantasia nella percezione di profondità, argomenti che richiamano da vicino noti passi del discorso VI della *Dioptrique.* Newton proseguirà i suoi esperimenti sul ruolo della fantasia o dell'immaginazione e descriverà vari effetti della permanenza dei colori ottenuti guardando direttamente il sole (« Quando avevo osservato il sole, tutti i corpi dai colori luminosi apparivano rossi, e i corpi dai colori scuri blu ») [105]. Una delle voci più ampie dedicate a tali esperimenti, *Of Imagination*, si apre con la chiara affermazione che una causa interna può produrre gli stessi effetti di una causa esterna: « Concludo che la mia fantasia e il sole producono la stessa operazione sugli spiriti nel nervo ottico, e che gli stessi movimenti sono causati nel cervello da entrambi » [106].

La nota 9 della voce *Of colours* delle *Quaestiones* descrive un esperimento che si iscrive perfettamente nel programma di ricerca fisiologica iniziato da Descartes e ripreso da Boyle. Si tratta di un esperimento condotto su un occhio chiuso, prima al buio e poi alla luce, e sottoposto a pressione di varia intensità. L'assunto è facilmente individuabile: produrre, senza l'intervento di una causa esterna quale la luce, effetti analoghi a quelli che questa produrrebbe. Naturalmente la pressione sull'occhio simula qualunque altra causa, interna o esterna, in grado di produrre un movimento equivalente sul sensorio. L'aspetto più interessante di questo esperimento è il chiaro tentativo di indagare la complementarità degli effetti prodotti da cause distinte, mediante l'accorgimento di ripetere l'esperimento in piena luce. Non si deve tuttavia vedere in questo esperimento un tentativo di conferma dell'idea cartesiana che la luce è una pressione: Newton ha già abbandonato, e criticato, questo aspetto dell'ottica di Descartes, ed è convinto che la luce consti di particelle che producono dei colpi di varia intensità e modalità sul sensorio. La pressione esercitata dal dito o da una lamina d'ottone sull'occhio è un semplice accorgimento sperimentale per simulare un effetto meccanico che può essere prodotto anche da piccoli urti discontinui. Come si è visto, la continuità è data non tanto da un'azione costante, simile alla pressione, ma dalla permanenza del movimento prodotto sui filamenti del nervo ottico.

L'esperimento è inserito all'interno della voce *Of colours* con una sua precisa valenza teorica: in altre parole, esso non fa parte di un programma di ricerca autonomo rispetto a quello concernente l'indagine sulla natura della luce e dei colori iniziato con l'esperimento delle due superficie riflettenti e proseguito con una serie di ipotesi sulla natura dei corpi. Newton tenta di far convergere l'indagine sulla natura della luce con quella sulla natura dei corpi e del sensorio. L'esperimento di pressione sull'occhio gli fornisce la ' conferma ' che raggi lenti potrebbero produrre sul sensorio la sensazione del colore blu e raggi veloci la sensazione del colore rosso dal momento che tali colori vengono eccitati rispettivamente da una pressione debole e da una forte. È improbabile, dato l'ordine degli argomenti presenti nella voce *Of colours* delle *Quaestiones*, che Newton abbia seguito la via contraria, abbia cioè ricavato l'ipotesi della diversa velocità dei raggi dall'esperimento sulla pressione dell'occhio, come suggeriscono McGuire e Tamny [107]. L'esame dell'esperimento rivela tuttavia una stretta connessione tra questo e l'ipotesi fisiologica riportata nel f. 122ʳ: « Tanto più uniformemente i globuli muovono i nervi ottici, tanto più i corpi sembrano essere colorati rossi, gialli, blu, verdi, ecc. ma tanto più variamente li muovono, tanto più i corpi appaiono bianchi neri o grigi ».

Ciò che Newton osserva viene interpretato, comunque, conformemente all'ipotesi generalissima che il movimento, o meglio la forza da esso esercitata anche sotto forma di pressione, è avvertito dal sensorio come un'immagine variamente colorata corrispondente punto per punto ai vari gradi della forza esercitata.

Se premo il mio occhio sul lato sinistro (quando guardo a destra) ad esempio in *a*, allora vedo un cerchio rosso come in *c*, ma all'interno del rosso c'è il blu, poiché i filamenti (*capillamenta*) sono premuti di più in *n* e *o* e tutto attorno al dito, che non in *a* a mezzo del dito. Quella parte dell'immagine (*apparition*) verso *q* è più debole perché i filamenti in *o* sono meno sensibili (*duller*), e se il dito si muove troppo verso *e*, l'immagine scompare in *q* e appare semicircolare. Ma se pongo il dito in *e* o in *s*, l'immagine scompare completamente [108].

Questa prima parte dell'esperimento è condotta su una zona relativamente lontana dal centro della retina. Si noti che Newton ritiene l'immagine del cerchio *c* esterna all'occhio ma non speculare rispetto alla zona su cui è stata esercitata la pressione: la parte *q* infatti corrisponderebbe al punto *o* dell'occhio, meno sensibile perché più lontana dal centro della retina. L'immagine risulta così capovolta rispetto al fondo dell'occhio come se giungesse attraverso la pupilla. Il centro dell'immagine *c* corrispondente al dito è blu, perché i filamenti vi subirebbero una pressione minore. La maggior pressione attorno al dito produrrebbe il colore rosso. È manifesto che i filamenti subiscono, tuttavia, rispettivamente pressioni uniformi. L'immagine scompare quando la pressione viene esercitata in *e* o in *s* per effetto della progressiva desensibilizzazione dei filamenti. Proprio per questo la parte *q* del cerchio scompare a mano a mano che la pressione si sposta verso *e*. Nessun cenno viene fatto alla permanenza di tale immagine in rapporto al perdurare della pressione.

La seconda parte dell'esperimento si avvale di una lamina d'ottone che consente di esercitare una pressione sulla parte più interna dell'occhio:

Ponendo una lamina d'ottone tra l'occhio e l'osso più vicino al mezzo della retina di quanto non potessi porre il mio dito, ottenni un'impressione molto vivida, ma di una figura ellittica perché il bordo della lamina con cui avevo premuto l'occhio era lungo e non arrotondato come il dito. Se ero al buio e la pressione sull'occhio molto forte, verso l'esterno appariva un ampio cerchio color porpora, vicino il blu, poi il verde, poi il giallo, un rosso fiamma, giallo, verde, blu e porpora, che crescendo per gradi da una tonalità molto scura a un blu più luminoso termina in un verde nel mezzo. Suppongo che i colori vicini al rosso fiamma sembrino più scuri a causa del suo splendore. E se l'esperimento fosse fatto alla luce cosicché, sebbene i miei occhi fossero chiusi, alcuni raggi oltrepassassero le mie palpebre, il porpora esterno apparirebbe di un colore tendente al nero a causa, suppongo, della luce confinante. Se la pressione non fosse molto forte, il verde e il porpora in *a* non sarebbero percepiti al buio. Ma alla luce l'immagine sarebbe un po' più luminosa che in altri luoghi dell'occhio, come in *v* o *w*. Tutti gli altri colori esterni, senza una forte pressione, sarebbero solo blu. Ma se la pressione è forte, alla luce l'immagine varierà poco da quella che appare al buio. Al di là di tutti i colori, come fra *o* e *e*, la luce è più forte che in altri luoghi, come in *v* o *w*, perché la pressione aiuta il moto dall'esterno ma non è abbastanza forte da mutarla in colore [109].

Questa variante dell'esperimento viene ancora interpretata in base a una pressione esercitata in modo differenziato: Newton non spiega tuttavia perché ora l'esterno del cerchio sia porpora e blu. Il risultato sperimentale era contrastante con quello ottenuto mediante la pressione del dito. Anche se la lamina non era arrotondata come il dito, i filamenti esterni avrebbero dovuto subire una maggiore pressione. E tuttavia il blu corrisponde ancora a una pressione più debole: « Tutti gli altri colori esterni, senza una forte pressione, sarebbero solo blu ». Newton sta evidentemente interpretando i suoi esperimenti fisiologici in base all'assunto sulla natura dei raggi e sulle proprietà meccaniche che aveva loro attribuito in conseguenza della loro diversa rifrangibilità, ormai fattualmente accertata. Ciò conferma che le sue indagini fisiologiche vengono fatte convergere con i risultati ottenuti nell'indagine sulla natura della luce.

Quando l'esperimento viene ripetuto alla luce, sempre a occhi chiusi, Newton non rileva differenze significative. Ma i colori esterni « senza una forte pressione, sarebbero solo blu ». Dunque, la luce bianca che riesce a filtrare dalle palpebre ha lo stesso effetto di una diminuzione della pressione. In altre parole, essa rende indifferenziate le azioni in grado di individuare i colori. Questo avviene in tre casi: quando il porpora esterno appare nero per la luce confinante; quando i colori esterni diventano blu; quando la luce cade tra *o* e *e*, dove la pressione non basta a mutarla in colore, cioè a differenziarla, come succede in parte nella zona blu direttamente interessata. Si noti che Newton implicitamente suggerisce che nei punti *v* o *w* la luce filtrante dall'esterno è minore che in *o* ed *e* perché parte di quella luce giunta dall'esterno è stata mutata in colore dalla pressione, che si rivela dunque una causa che può essere sommata al « moto dall'esterno ».

Questo esperimento conclude e completa il modello teorico costruito per interpretare l'esperimento delle due superficie riflettenti. Newton ha ottenuto un alto grado di convergenza (anche *troppo* alto) tra i dati fattuali e le ipotesi teoriche sulla natura della luce, su quella dei corpi e del sensorio. Il quadro finale è il seguente:

a) la luce bianca è una mescolanza di raggi dotati di diversi gradi di velocità; essa, in quanto tale, agisce sul sensorio in modo indifferenziato, cioè vario; b) i corpi, sia per il loro potere elastico che per la loro struttura, diminuiscono la mescolanza dei raggi, uniformando la loro velocità in proporzioni determinate; c) il sensorio traduce in immagini colorate le quantità determinate di moto dei raggi dal blu al rosso, attraverso tutti i gradi intermedi, proporzionalmente all'intensità della forza esercitata e alla sua uniformità.

L'ultima parte dell'esperimento di pressione sull'occhio

ci dà utili informazioni su come Newton riteneva che la luce bianca si mutasse in colore. È una concezione abbastanza singolare perché non è né del tutto innatistica né del tutto modificazionistica. Il colore compare in seguito a una pressione uniforme; alleggerendo la pressione, l'uniformità, cioè la distinzione dello stimolo, va gradualmente perduta. L'intensità della luce è quindi indipendente dalla produzione dei colori. Una luce forte, ma varia, cioè indistinta, non diverrà mai colorata a meno che una pressione sul sensorio sia sufficientemente forte da sommarsi a qualche parte della luce, rendendola distinta e uniforme, cioè colorata. Poiché la pressione esercitata sull'occhio chiuso è ritenuta equivalente, quanto ai suoi effetti, all'azione esercitata dai raggi di luce che producono i colori, i corpi agiranno sulla luce, riflettendola o rifrangendola, come la pressione interna agisce sul moto proveniente dall'esterno, cioè uniformando o rendendo meno varia l'azione della luce bianca. Si capisce quindi perché Newton, nella nota 4 della voce *Of colours* delle *Quaestiones*, abbia proposto una diminuzione del moto dei raggi in proporzione geometrica « poiché allora ci sarà una differenza minore nei loro moti che non altrimenti »[110]. Anche la diminuzione del potere elastico della materia sottile che conservava il moto dei raggi, da parte dei pori dei corpi, ristretti o ostruiti, avrebbe prodotto il medesimo effetto, cioè una diminuzione delle differenze dei moti, e quindi una maggiore uniformità dei raggi aventi un certo grado di velocità. Naturalmente la luce bianca doveva già possedere in massimo grado la varietà e le differenze che i corpi avrebbero dovuto uniformare con le loro azioni, poiché era impensabile che la stessa causa potesse produrre uniformità e differenze. Il modello esplicativo dei modificazionisti risulta ancora una volta capovolto: i corpi non introducono differenze su un'entità indifferenziata (la luce), ma introducono uniformità su un'entità già differenziata. In questo modo, essi selezionano una di queste differenze. Così anche se un certo grado di velocità non è sempre associato al medesimo raggio, gli effetti prodotti sul sensorio sono *sempre* associati a un certo grado di velocità e soprattutto all'uniformità con cui i raggi che lo colpiscono partecipano tutti di questo grado. Non sembra che Newton ritenga che i raggi più veloci possano essere ulteriormente accelerati dai corpi, i quali si limiterebbero, in un certo senso, a smorzare più o meno i gradi di velocità dei raggi che compongono la luce bianca. Questo smorzamento è per Newton il meccanismo principale della produzione del colore perché, uniformando le velocità, produce sul sensorio un'impressione ben distinta. L'azione dei corpi modifica, comunque, e altera le caratteristiche della luce bianca. Non ha, naturalmente, senso chiedersi se queste caratteristiche siano innate alla luce o se le modificazioni introdotte dai corpi corrispondano a queste caratteristiche. Trattandosi di proprietà meccaniche (velocità dei raggi o quantità di moto) esse dipendono dalle leggi di movimento che governano l'urto dei corpi e ogni altra loro interazione, e non possono inerire ad alcunché. La luce, tuttavia, essendo considerata da Newton un aggregato di piccoli corpi aventi un limite massimo di velocità, determina la gamma delle variazioni meccaniche possibili dei suoi componenti, e in questo senso essa possiede *già* tutti i gradi di velocità che possono essere mutati in colore.

La speranza di poter corroborare queste ipotesi sulla natura della luce mediante lo studio del sensorio dovette tuttavia abbandonare Newton abbastanza presto.

Nel MS Add. 3975 l'esperimento di pressione sull'occhio viene ripetuto, suddiviso in sette varianti, ma non è più esplicitamente connesso, come nelle *Quaestiones*, con un modello teorico.

58. Presi uno spillone *gh* e lo posi tra l'occhio e l'osso il più vicino possibile alla parte posteriore dell'occhio: e facendo pressione sull'occhio con la sua estremità (così da produrre la curvatura *abcdef* sull'occhio) vi apparvero diversi circoli *r*, *s*, *t* ecc. bianchi oscuri e colorati. Questi circoli erano più evidenti quando io continuavo a strofinare l'occhio con la punta dello spillone, ma se tenessi l'occhio e lo spillone immobili, sebbene continuassi a premere con esso l'occhio, tuttavia i circoli diventerebbero deboli e spesso scomparirebbero finché non li rinnovassi muovendo l'occhio e lo spillone [111].

Newton non si preoccupa più di porre in connessione i circoli colorati con la pressione differenziata. Il suo interesse è soprattutto centrato su un aspetto dell'esperimento che nella versione precedente gli era sfuggito. Il circolo colorato si indeboliva o scompariva se lo stimolo non era variato localmente mediante un movimento continuo dell'occhio o dello spillone. Questa osservazione contrastava irrimediabilmente con l'ipotesi avanzata nelle *Quaestiones* che il colore corrispondesse soltanto a un moto uniforme prodotto sul sensorio. Inoltre la retina non sembrava tanto sensibile alla pressione quanto alle deformazioni da essa prodotte, cosicché non era possibile stabilire un nesso esclusivo e diretto tra la pressione e il colore. Questo toglieva all'esperimento la possibilità di determinare univocamente la natura della luce. L'esperimento suggeriva che la retina era sensibile a vibrazioni prodotte dalla pressione, piuttosto che alla pressione stessa, giacché quando la pressione non veniva rinnovata (o continuamente variata come nel caso dello sfregamento) i colori scomparivano. Newton descriverà meglio l'effetto, qui scoperto, nelle lettere a Oldenburg dell'11 luglio 1672 e del 7 dicembre 1675. La luce agisce come un sasso gettato nell'acqua, che suscita vibrazioni per un certo tempo. La pressione sul fondo oculare ha evidentemente lo stesso effetto. La sensazione di colore dipenderebbe dall'ampiezza delle vibrazioni e dalla loro mescolanza. Ma tutto ciò non era in grado di indicare se i raggi erano corpi che differivano per grandezza, per forma o per vigore, o per qualunque altra modificazione accidentale acquisita durante la rifrazione o la riflessione.

Il programma di ricerca fisiologico conduceva a quel tipo di congetture (e paragoni) di cui era piena la fisica cartesiana. Nella *Memoria* del 6 febbraio 1672 (*New Theory about Light and Colours*), in cui non compare alcun esperimento fisiologico, troviamo affermato: « Ma determinare in modo più assoluto che cos'è la luce, in quale maniera sia rifratta, e per quali modi o azioni produca nelle nostre menti i fantasmi dei colori, non è così facile. E io non mescolerò congetture con certezze » [112].

Queste poche righe riprendono i punti principali del programma esposto da Boyle nella *Experimental History of Colours* [113], segno manifesto che Newton è ancora influenzato dalle sue letture giovanili. Negli otto anni che intercorrono tra le *Quaestiones* e la *New Theory*, Newton ha imparato a distinguere tra congetture e certezze, e di conseguenza abbandona il programma di ricerca fisiologico presentando i risultati ottenuti, nelle sopra citate lettere a Oldenburg, solo nella forma di ipotesi esplicative.

Quasi quarant'anni dopo, le ricerche fisiologiche iniziate

nelle *Quaestiones* ricompaiono, in modo pressoché immutato, nella *Query* 16 dell'*Opticks* in quella forma problematica che Newton aveva imparato ad apprezzare in Boyle:

Quando un uomo al buio preme l'uno o l'altro angolo dell'occhio con un dito, e volta l'occhio lontano dal dito, egli vedrà un circolo di colori come quelli nelle penne della coda del pavone? *Se l'occhio e il dito rimangono fermi (quiet) questi colori svaniscono nel tempo di un secondo, ma se il dito fosse mosso con un movimento vibrante essi appaiono di nuovo.* Non sorgono questi colori da tali moti eccitati nel fondo dell'occhio dalla pressione *e dal movimento* del dito, come altre volte sono qui eccitati dalla luce per causare la visione? *E i moti una volta eccitati non continuano per circa il tempo di un secondo prima di cessare?* E quando un uomo a causa di un colpo sull'occhio vede un lampo di luce, non sono eccitati analoghi movimenti sulla retina dal colpo? *E quando un carbone infuocato mosso lestamente lungo la circonferenza di un cerchio, fa apparire l'intera circonferenza come un cerchio di fuoco: non è perché i movimenti eccitati nel fondo dell'occhio dai raggi di luce sono di natura durevole, e continuano finché il carbone infuocato nel girare attorno ritorna al suo posto precedente? E considerando la durata dei moti eccitati sul fondo dell'occhio dalla luce, non si manifestano essi di natura vibratoria*[114]*?*

Capitolo terzo
# LA SCOPERTA

## 1. *La 'logica' della scoperta*

« Prova se due prismi, l'uno che proietta il blu sul rosso proiettato da un altro, non produca un bianco »[1]: questa annotazione è stata chiaramente aggiunta da Newton come un *memorandum* al di sotto dell'intestazione *Of colours* del f. 122$^{r}$ delle *Quaestiones.* Essa pare connessa con la nota 12$^{bis}$ del f. 124$^{v}$: « Il colore giallo (prodotto da un prisma) cadendo su un blu produce un verde. *Il blu cadendo sul rosso produce un verde.* Si dovrebbe provare quali colori la mescolanza di colori che cadono da due prismi produrrebbe »[2].

Come si è detto, la voce *Of colours*, dalla nota 10 alla nota 51 (ff. 124$^{r}$-124$^{v}$, 133$^{r}$-135$^{r}$), è interamente costituita di succinti estratti della *Experimental History of Colours* di Boyle.

La nota 12$^{bis}$ di Newton si riferisce all'esperimento XIV della III parte dell'opera di Boyle, probabilmente al passo seguente: « Proiettando [...] l'iride prismatica su un blu molto vivido, ho trovato che quella parte di essa, che sarebbe stata altrimenti gialla, appare verde »[3].

Questo stesso risultato Boyle l'aveva ottenuto mescolando pigmenti (esperimento XII), trasmettendo la luce attraverso due vetri (esperimento XIII), osservando un oggetto con un prisma colorato (esperimento XV). Boyle tuttavia non proietta il blu prismatico sul rosso. La composizione del blu e del rosso viene da lui osservata nel caso dei pigmenti, dei vetri, e delle due parti dell'iride prismatica: il risultato, costante, è il porpora. Da questi esperimenti, come si è visto, Boyle inferiva la realtà dei colori enfatici. L'affermazione di Newton che il blu prismatico cadendo sul rosso produce il verde, appare a prima vista inesplicabile.

Già nella nota 12, in cui Newton riporta sommariamente i risultati ottenuti da Boyle mescolando pigmenti o luce trasmessa da coppie di vetri o carte colorate, troviamo un'inesattezza rispetto alla fonte: « 12. Il sole splendendo attraverso carta o vetri colorati, come anche la mescolanza di diversi colori, mostra questi colori: *giallo e blu fanno rosso*, giallo e rosso fanno arancione, porpora e rosso fanno scarlatto, rosso e verde fanno un arancione fulvo scuro, rosso e blu fanno porpora, il rosso e il bianco per mescolanza fanno il rosa » [4].

In Boyle, che è sicuramente la fonte di questa nota, blu e giallo producono sempre, a seconda delle tonalità, una vasta varietà di verdi.

D'altra parte, l'affermazione di Newton non descrive certamente un risultato sperimentale. È probabile che ci sia una lacuna nel MS: la parola « red » sembra aggiunta in un secondo tempo, ed è seguita da uno spazio bianco. Naturalmente potrebbe anche trattarsi di un *lapsus calami* o, come si potrebbe desumere dalla lettera a Oldenburg del 7 dicembre 1675 [5], di un difetto della vista di Newton nel distinguere i colori.

Ritengo tuttavia che la spiegazione più plausibile almeno della prima di queste discrepanze sia un'altra. Dopo aver costruito nei primi nove punti della voce *Of colours* un modello teorico esplicativo della genesi dei colori fondato sull'azione selettiva che i corpi esercitavano sulla luce bianca, rifrangendola e riflettendola, come se essa fosse una mescolanza di raggi colorati, Newton si rende conto che un tale modello possiede in alto grado un potere di previsione proprio nei confronti della mescolanza dei colori. Egli quindi annota, insieme ai risultati riportati da Boyle, alcune previsioni derivabili dal suo modello esplicativo. Nella nota 2, infatti, Newton aveva proposto la seguente interpretazione dei risultati ottenuti con l'esperimento delle due superficie riflettenti:

| | | | | | |
|---|---|---|---|---|---|
| raggi lenti | *blu*<br>*porpora* | raggi intermedi | *verdi* | raggi veloci | *rosso*<br>*giallo* |

La mescolanza dei raggi veloci e lenti avrebbe dovuto produrre i bianchi, i grigi e i neri. L'affermazione di Boyle che il colore giallo, prodotto da un prisma, cadendo sul blu, produceva un verde, poteva essere interpretata come una parziale conferma che un corpo atto a riflettere raggi blu, cioè lenti, avrebbe rallentato i raggi gialli, più veloci, proiettati su di esso tramite il prisma, emettendo quindi raggi verdi, di velocità intermedia. Un po' più imbarazzante, ma non più di tanto, il caso contrario. I raggi lenti, cadendo su un corpo atto a riflettere raggi veloci, cioè più elastico, sarebbero stati riflessi con velocità intermedia. Ma allora anche il blu cadendo sul rosso avrebbe dovuto produrre un verde.

La previsione di queste mescolanze, tuttavia, dipendendo anche dalla struttura dei corpi, avrebbe potuto ammettere qualche vistosa eccezione. Il risultato più interessante sarebbe stato quello di mescolare insieme tutti i colori prismatici. Il modello esplicativo di Newton prevedeva in tal caso solo bianchi, neri o grigi. Per ottenere una mescolanza perfetta, senza caduta di luce, e quindi un bianco, i colori prismatici avrebbero dovuto probabilmente essere sovrapposti in questo ordine:

| | |
|---|---|
| 5 P | |
| 4 B | 1 R |
| 3 V | 2 G |
| 2 G | 3 V |
| 1 R | 4 B |
| | 5 P |

Il *memorandum* del f. $122^r$ si riferirebbe dunque alla sovrapposizione degli spettri, non a quella dei singoli blu e rosso prismatici. Newton poteva leggere in Boyle, sempre nell'esperimento XIV da cui aveva tratto l'informazione che il giallo prismatico produce un verde cadendo sul blu, che il blu e il rosso prismatici, sovrapposti, producono il porpora. È anzi molto verosimile che proprio quest'ultimo esperimento, compiuto da Boyle con due prismi, gli abbia suggerito sia l'annotazione della nota $12^{bis}$ che il *memorandum* del f. $122^r$. Questi esperimenti di composizione, che per Boyle avevano un significato teorico limitato, acquistano per Newton un elevato potere di conferma nei confronti del suo modello esplicativo.

Newton si trovava evidentemente nell'impossibilità materiale di eseguire l'esperimento, probabilmente per la mancanza di un secondo prisma. È dunque verosimile che Newton, in attesa di compiere l'esperimento, annoti in posizione evidente un *memorandum*, continuando poi a leggere e sunteggiare l'opera di Boyle.

Su come e quando Newton entrò in possesso dei suoi prismi, esistono testimonianze contrastanti. La prima *Memoria* del 6 febbraio 1672 alla Royal Society contiene questa versione, indubbiamente semplificata, dei fatti: « All'inizio dell'anno 1666 (a quel tempo mi applicavo alla molatura di vetri ottici di figura diversa dalla sferica) mi procurai un prisma triangolare di vetro, per provare con esso i famosi *phaenomena* dei colori [...] » [6]. Un'annotazione sull'attività di Newton negli anni della peste (1665 e 1666) ricorda che la teoria dei colori fu elaborata nel 1666 [7]. Il 10 gennaio 1676, tuttavia, in una lettera a Oldenburg, Newton afferma che i suoi esperimenti con il prisma risalgono a più di sette anni prima [8]. La tarda conversazione di Newton con Conduitt, il 31 agosto 1726, ci dà una versione dei fatti ormai distorta:

Nell'agosto 1665 sir I., che allora non aveva ancora 24 anni, comprò alla fiera di Stourbridge un prisma per provare qualche esperimento sul libro dei colori di Descartes e quando giunse a casa oscurò la stanza, fece un buco nella persiana e pose il suo prisma tra quello e la parete, scoprendo che invece di un circolo la luce faceva  con lati retti e estremi circolari ecc., il che lo convinse immediatamente che Descartes aveva torto e così scoprì la propria ipotesi dei colori sebbene non potesse dimostrarla per mancanza di un altro prisma, per il quale egli soprassedette fino alla successiva fiera di Stourbridge e allora dimostrò ciò che prima aveva scoperto [9].

Le *Quaestiones* salvano, di questa testimonianza, solo il fatto che Newton stesse leggendo Descartes e che non possedeva due prismi. Sfortunatamente nel 1665 e 1666 la fiera di Stourbridge fu soppressa a causa della peste. Westfall suggerisce che l'acquisto dei prismi potrebbe esser stato fatto alla *Midsummer Fair* [10]: il primo nel 1665, un secondo nel 1666. Il *Fitzwilliam Notebook* attesta l'acquisto di tre prismi dopo il 12 febbraio 1668 [11].

Ai nostri scopi, è sufficiente una cronologia relativa e il

riferimento ai dati interni: le *Quaestiones* attestano l'uso di un solo prisma nell'esperimento delle due superficie riflettenti e del filo a due colori. Nel MS Add. 3975 Newton descrive esperimenti che richiedono l'uso contemporaneo anche di tre prismi.

Il *memorandum* del f. 122$^r$ indica chiaramente che Newton sentì l'esigenza di utilizzare due prismi per tentare la composizione dei colori prismatici, prendendo spunto da un analogo esperimento di Boyle. L'importanza della forma dello spettro, che costituirebbe, secondo Conduitt, il primo nucleo della scoperta, è un'acquisizione relativamente tarda. La troviamo affermata, per la prima volta, proprio nel MS Add. 3975.

In effetti, il modello esplicativo elaborato da Newton nelle *Quaestiones* poteva suggerire queste due previsioni legate ad altrettante condizioni:

1. (a) Una mescolanza di colori prismatici produrrebbe il bianco, se (b) il bianco, in accordo al modello, fosse una mescolanza di raggi diversamente colorati e diversamente rifrangibili;

2. (a) La luce bianca attraversando il prisma produrrebbe uno spettro di forma oblunga, se (b) fosse vera la relazione 1.

È manifesto che la relazione 2 poteva essere scoperta solo dopo la relazione 1, che ne costituiva la condizione. È anche ovvio che, una volta accertata la previsione 2 (a), questa rappresenti anche una giustificazione della relazione 1. Tuttavia in nessun modo la relazione 1 poteva essere scoperta in seguito all'accertamento puramente fattuale del verificarsi di 2 (a). Un fatto non può di per sé indicare l'ipotesi da cui può essere spiegato. Così nessuna via logica conduce dalla constatazione di 2 (a) alla relazione 1, se questa già non è data. Al contrario, la previsione 2 (a) avrebbe potuto essere inferita dalla relazione 1, anche se non fosse stata osservata di fatto da Newton.

Così, presentare, come riferisce Conduitt, la semplice constatazione di 2 (a) quale principio di scoperta, sia pure in quanto confutazione delle affermazioni di Descartes, introduce un elemento divinatorio e miracoloso del tutto ingiustificato. Non vogliamo qui riferirci al fatto che il resoconto di Conduitt è storicamente scorretto, anche se probabilmente è così: esso è anche epistemologicamente scorretto, perché postula che la scoperta sia qualcosa di immediato e irrelato, non si attui cioè in base a una complessa serie di elementi dati: fattuali, teorici e metodologici.

Un discorso analogo può essere fatto per la previsione 1 (a), che coincide in pratica con il *memorandum* di Newton del f. 122$^r$ delle *Quaestiones*. Da un punto di vista puramente fattuale, Boyle aveva già eseguito l'esperimento dei due prismi, sovrapponendo le due iridi prismatiche [12]. Boyle riteneva che l'esperimento avesse successo quando riusciva a combinare a due a due i colori (giallo/blu, blu/rosso) prismatici, ottenendo lo stesso risultato di analoghe mescolanze di colori reali (pigmenti). Ogni altro risultato indicava soltanto che l'esperimento non aveva avuto successo. Boyle aveva probabilmente osservato che al centro delle due iridi prismatiche sovrapposte si formava una zona bianca. Nessuna via logica permetteva, tuttavia, di risalire da questa osservazione alla relazione 1, perché mancava la condizione 1 (b). Proprio per questo, Newton giunge a scoprire la previsione 1 (a) pur non avendo fatto l'esperimento. Boyle forniva a Newton, tuttavia, un rafforzamento particolare della previsione 1 (a) perché aveva mostrato che la composizione dei colori prismatici era possibile. Tutto ciò, naturalmente, non significa che i fatti sono irrilevanti per la scoperta scientifica. Al contrario, i fatti sono rilevanti all'interno di un contesto teorico, e la scoperta di un nuovo contesto teorico dà una nuova rilevanza ai fatti. La banalità di quest'ultima osservazione può essere mitigata considerando che la scoperta — o l'invenzione teorica — non avviene mai in assenza di fatti significativi o ritenuti significativi (previsioni) così come non può prescindere da princìpi teorici e metodologici.

Un fatto significativo o ritenuto significativo aveva condotto Newton alla relazione 1. Lo troviamo esposto, come si è visto, nel f. 105$^v$ delle *Quaestiones*: « Nessun colore sorgerà dalla mescolanza del nero puro e del bianco ».

Questo fatto poteva condurre alla scoperta della relazione 1 mediante un processo razionale grosso modo di questo tipo:

(a) Nessun colore sorge dalla mescolanza del bianco e del nero
(b) Il bianco e il nero sono luce e ombra
(c) Nessun colore sorge dalla mescolanza di luce e ombra

(d) La riflessione maggiore o minore è una mescolanza di luce e ombra

(e) Nessun colore sorge dalla riflessione maggiore o minore
(f) I colori sorgono dalla rifrazione attraverso un prisma
(g) La luce che attraversa il prisma è bianca

(h) I colori sorgono dalla luce bianca
(i) I raggi che attraversano il prisma sono diversamente rifratti e colorati

(l) La luce bianca è una mescolanza di raggi colorati diversamente rifrangibili, donde la previsione
(m) Una mescolanza di colori prismatici dovrebbe produrre il bianco.

Questo processo è deduttivo, ma le premesse sono ricavate nel modo più vario: per analogia [la (b)], per constatazione fattuale [la (a)], [la (f)], per costruzione ipotetica [la (i)] seguita da constatazione fattuale, ecc. Ognuna di queste premesse è connessa con princìpi teorici e interpretativi contestuali, legati cioè alle fonti di cui Newton disponeva e alle tradizioni culturali che accettava. Così la premessa (i) implica: un postulato o un assunto meccanicistico (i raggi sono dotati di diverse velocità e/o quantità di moto); un assunto sulla fisiologia del sensorio: il nervo ottico recepisce come colore il movimento differenziato ma uniforme dei raggi.

Tutti gli elementi fondamentali delle premesse, eccettuate le conferme sperimentali e le previsioni, sono già dati, come si è visto, nelle opere di Descartes e di Boyle. Inoltre gli elementi concettuali, le conferme e le previsioni che costituiscono le condizioni logiche della scoperta possono essere riproposti a vario titolo come elementi di giustificazione della scoperta stessa. È quel che accadrà alla previsione (m), e alla premessa (i) quando sarà accertata fattualmente nella forma « raggi diversamente colorati sono diversamente rifrangibili » dall'esperimento sui due fili rosso e blu osservati attraverso il prisma.

Naturalmente il processo logico della scoperta non coincide necessariamente con quello storico: il primo, infatti, rappresenta le condizioni della scoperta, che non si danno quasi mai, storicamente, nell'ordine in cui può essere posta l'inferenza. Nello stesso tempo, tuttavia, solo il processo storico della scoperta consente di individuare gli elementi del processo logico e soprattutto i princìpi contestuali operanti, senza i quali tali elementi finiscono per essere del tutto vuoti o ciechi. Come si è accennato, ogni elemento della scoperta può essere proposto come elemento della giustificazione. Come si è visto, nel MS Add. 4002 del 1670, Newton utilizza come elemento di giustificazione l'affermazione che nessun colore si genera dalla mescolanza del bianco e del nero[13], che costituiva, secondo la nostra analisi, il primissimo elemento della scoperta, sia logicamente che storicamente. In effetti, ritengo che il processo logico della scoperta, considerato indipendentemente da quello storico, e dai princìpi contestuali impliciti ed espliciti operanti concretamente, possa verosimilmente coincidere con il cosiddetto contesto della giustificazione, purché anche questo sia considerato in se stesso. In altre parole, non esiste che un solo tipo di razionalità operante tanto nella fase della scoperta che in quella della giustificazione ed essa non coincide con nessun genere specifico di inferenza, induttiva o deduttiva, né con una metodologia determinata, analitica o sintetica.

Nonostante la complessità degli elementi in gioco, la scoperta o l'invenzione sono raggiunte attraverso un processo razionale che si può caratterizzare in termini molto generali come

a) una combinatoria di elementi desunti dalle fonti che ne saggia la compatibilità reciproca;

b) l'emergenza di un'ipotesi o di un modello teorico che eleva il grado di compatibilità tra gli elementi;

c) la possibilità di controllare le previsioni indipendentemente dall'ipotesi facendo appello a istanze comunemente ammesse e ripetibili.

Ognuno di questi punti, a sua volta, se è vero che non dipende per sé dai contesti storici o psicologici, possiede tuttavia diversi gradi di possibilità di attuazione proporzionali a questi contesti. Il contesto psicologico riguarda la modalità dei processi mentali, non la loro natura: è tuttavia intuitivo, leggendo il resoconto della scoperta newtoniana di Conduitt, che la convinzione che Descartes avesse torto fu in un qualche momento importante per Newton. I processi psicologici — le esperienze ' aha ' — non ci fanno comprendere la natura e il senso delle innovazioni, anche se ne accompagnano la genesi. La scoperta è sempre, per sua natura, un'inferenza:

la modalità con cui questa avviene non è rilevante in positivo, ma solo in negativo. In altre parole, il contesto psicologico è una condizione vuota.

Altro discorso va fatto per il contesto storico. Esso non è portatore di condizioni vuote, puramente negative. Tutti i princìpi contestuali operanti nella scoperta sono condizioni positive per l'attuazione dell'inferenza, anche se vengono successivamente abbandonati nella fase della giustificazione finale, che, come si è proposto, tende a riprodurre il processo logico della scoperta indipendentemente dal contesto storico. Ogni *case study* rivela che il nudo processo logico occulta i princìpi contestuali. Così il postulato meccanicistico secondo cui i raggi sono dotati di diverse velocità e/o quantità di moto è una condizione positiva per porre la premessa (i).

Questo postulato, che esercita una funzione essenziale nella scoperta newtoniana, non sarebbe stato posto, e non avrebbe conferito alcuna plausibilità alla premessa iniziale, se Newton non avesse ritenuto che la concezione meccanicistica possedesse un valore euristico, indipendentemente dalla sua convinzione che Descartes avesse torto in qualche punto particolare della sua dottrina. Tuttavia questo postulato verrà abbandonato nella fase della giustificazione.

Il contesto storico non determina solamente le condizioni particolari di una scoperta, come è il caso del postulato sopra ricordato, ma anche le condizioni generali. Il punto c) ad esempio implica:

1. l'abbandono delle ipotesi determinanti, del tipo proposto da Descartes;

2. a) l'accettazione della tradizione sperimentale, rappresentata da Boyle, e, più tardi, b) di quella matematica.

Mentre il punto 2 a) è già saldamente radicato quando Newton scrive le *Quaestiones*, non altrettanto si può dire per il punto 1. Il primo esperimento fisiologico di Newton impiega manifestamente ipotesi determinanti, così come il riferimento all'elasticità dei corpi, alla loro porosità e alla materia sottile.

Le caratteristiche stesse della ricerca scientifica non sono, così, atemporali. Le condizioni generali della scoperta sono investite *per sé* dai processi storici del pensiero. Dopo tutto, per secoli l'umanità ha fatto a meno di nuove idee in campo scientifico. La nascita della nuova scienza nel XVII secolo ha aumentato la possibilità di generare idee nuove certamente in modo non irrilevante.

## 2. *Il nuovo contesto teorico*

Le previsioni sulla composizione dei colori rappresentano una delle direzioni originarie della ricerca che conduce Newton alla scoperta della nuova teoria dei colori. Si è accennato che l'ipotesi secondo cui la luce bianca è una mescolanza di raggi diversamente colorati implicava la previsione che la sovrapposizione dei colori prismatici producesse il bianco.

L'interesse di Newton per la composizione dei colori è manifestamente suscitato dalla lettura della *Experimental History of Colours* di Boyle. Numerosi elementi concettuali, presenti nell'opera di Boyle, entreranno a pieno titolo nella scoperta newtoniana.

*In primis* la distinzione tra colori semplici o primari e colori composti. Boyle ricava questa distinzione dalla pratica dei pittori, ma l'estende, per analogia, ai colori ottenuti per trasmissione della luce attraverso vetri o carte colorate e agli stessi colori prismatici, proponendo un esperimento di sovrapposizione mediante due prismi. L'idea che i colori si possano comporre e decomporre è chiaramente affermata da Boyle [14]. La conseguenza più interessante che Boyle ricava dai suoi numerosi esperimenti di composizione, in parte annotati da Newton nelle *Quaestiones* (note 12 e 12 [bis]), è che l'esistenza di colori composti, ma reali e permanenti, scalzava la pretesa di chi voleva che fossero qualità inerenti ai corpi. Infatti, un verde composto di polveri gialle e blu a quale corpo avrebbe potuto inerire?

Il verde così ottenuto, essendo (per così dire) prodotto meccanicamente, non consente di derivarlo da non so quale incomprensibile forma sostanziale, da cui tuttavia molti vorrebbero farci credere che i colori debbano derivare; né questo verde, sebbene reale e permanente e non fantastico ed evanescente, sembra essere una tale inerente qualità quale essi vorrebbero che fosse, dal momento che non solo ogni parte della mescolanza rimane inalterata nel colore, e di conseguenza di colore diverso dall'insieme che compongono; ma se l'occhio fosse assistito da un microscopio per discernere le cose in modo migliore e più distinto di quanto non potesse prima, esso non vedrebbe un corpo verde, ma un insieme di corpuscoli blu e gialli [15].

Questo fatto viene interpretato da Boyle in base alla teoria modificazionistica, per cui il composto acquista una nuova disposizione a modificare la luce incidente, riflettendola in modo diverso rispetto alle parti componenti. Queste, a loro volta, esibiscono un colore che, per analogia, dipende da altre parti componenti, anche se non visibili, e così via. La posizione di Boyle, chiaramente antisostanzialistica, non contiene alcuna incongruenza, anzi essa presenta un alto grado di coerenza e di semplicità. La distinzione tra colori composti e semplici è una distinzione funzionale che investe le capacità percettive del sensorio.

In nessun caso come in questo, forse, possiamo toccare con mano la diversità delle conclusioni raggiunte, di fronte allo stesso fatto, variando la teoria interpretativa. Eppure non c'è alcun dubbio che Boyle abbia costituito, al riguardo, la fonte di Newton e che gran parte delle considerazioni di Boyle sulla composizione del verde siano mantenute. Nella *Memoria* del 6 febbraio 1672, Newton espone un punto fondamentale della sua teoria che deriva chiaramente da un ripensamento dell'esperimento di Boyle sulla composizione del verde:

4. Tuttavia apparenti mutamenti di colore possono essere prodotti dove esista una qualunque mescolanza di diversi tipi di raggi. Infatti in tali mescolanze, i colori componenti non appaiono ma, a causa del loro reciproco attenuarsi, costituiscono un colore intermedio. E perciò, se a causa della rifrazione, o di qualsiasi altra causa tra quelle suddette, i raggi difformi, latenti in tale mescolanza, vengono separati, emergeranno colori differenti dal colore del composto. I quali colori non sono generati nuovamente, ma solo resi manifesti dall'essere separati; poiché se essi sono di nuovo interamente mescolati e miscelati insieme, comporranno ancora quel colore che componevano prima della separazione. E per la stessa ragione, i mutamenti prodotti dall'incontro di diversi colori non sono reali; poiché quando i raggi difformi sono di nuovo separati, essi esibiranno gli stessi identici colori che esibivano prima di entrare nella composizione; proprio come polveri *blu* e *gialle*, se accuratamente mescolate, appaiono verdi a occhio

nudo, e tuttavia i colori dei corpuscoli componenti non sono per ciò realmente mutati, ma solo miscelati. Infatti se vengono osservati con un buon microscopio, essi appaiono ancora, in modo disseminato, *blu* e *gialli*[16].

Come è giunto Newton a questo radicale cambiamento di interpretazione teorica? La risposta non può essere altro che questa: attraverso una combinazione di elementi concettuali già presenti nell'opera di Boyle. Questa combinazione non è tuttavia avvenuta per caso o per una misteriosa intuizione. Una volta posta, infatti, l'ipotesi che il bianco possa consistere in una mescolanza di colori prismatici, le seguenti considerazioni di Boyle acquistavano un significato profondamente diverso:

a) i colori prismatici si mescolano tra loro come i pigmenti, la luce trasmessa attraverso vetri e carte colorate ecc. (Boyle, *E. H.*, parte III, esperimenti XIV e XV; Newton, *Quaestiones*, *Of colours*, nota 12 e 12 [bis]);

b) i colori composti possono essere decomposti (Boyle, *E. H.*, esperimento XII e XX; Newton, *Out of Mr Hooks Micrographia*) oppure i componenti possono essere osservati al microscopio (Boyle, *E. H.*, esperimento XVII; Newton, *Memoria* del 6 febbraio 1672, punto 4);

c) i colori prismatici, osservati al microscopio, appaiono semplici, cioè « gli stessi quanto a specie » (Boyle, *E. H.*, esperimento V; Newton, *Memoria* del 6 febbraio 1672, punto 3);

d) i colori prismatici non mutano se rifratti o riflessi (Boyle, *E. H.*, esperimento V; Newton, *Memoria* del 6 febbraio 1672, punto 3). I riferimenti sono alla *Memoria* del 6 febbraio 1672, che è la prima esposizione pubblica della nuova teoria dei colori di Newton, ma questi elementi sono presenti anche nel MS Add. 4002 e, in forma più succinta, nel MS Add. 3975.

La distinzione tra colori semplici e composti è l'elemento che esercita, nella direzione della scoperta, la funzione più rilevante. Essa era legata al controllo fattuale della previsione che la sovrapposizione totale degli spettri avrebbe prodotto il bianco, così come sovrapposizioni parziali producevano colori composti. Quali che fossero i motivi per cui, nelle *Quaestiones*, Newton non esegue gli esperimenti di sovrapposizione, il MS Add. 3975 ci presenta una nuova disposizione del materiale contenuto nelle *Quaestiones*, certamente in seguito all'esecuzione di tali esperimenti. È possibile che Newton abbia compiuto questi esperimenti nell'estate del 1665, ammesso che disponesse di un secondo prisma. Altrimenti occorrerebbe spostare al 1668 almeno la composizione del trattatello *Of Colours* del MS Add. 3975 [17]. Come che sia, il trattatello *Of Colours* ci presenta la nuova teoria dei colori nella forma di una storia sperimentale, anzi, per esprimerci nella terminologia di Boyle, « come l'inizio di una storia dei colori, su cui [...] può essere costruita con sicurezza una solida teoria » [18].

L'affinità stilistica del trattatello *Of Colours* del MS Add. 3975 con la *Experimental History of Colours* di Boyle non deve tuttavia trarre in inganno. Come si è visto, Boyle non aveva accettato nessuna ipotesi teorica a esclusione di altre all'interno di una certa rosa di proposte esplicative di tipo meccanicistico (mescolanza di luce e ombra, differenze nella quantità di riflessione, gradi di velocità dei raggi, moti diretti e ondulatori) e modificazionistico (disposizioni dei corpi a modificare la luce incidente riflettendola o rifrangendola secondo le modalità sopra indicate). Boyle aveva rifiutato nettamente la teoria aristotelizzante dei colori e quella chimica. Il suo contributo sperimentale più originale era nato dall'intento di confutare queste ultime teorie. In particolare, egli aveva sperimentalmente mostrato alcune proprietà dei colori enfatici, in specie quelli prismatici, che ne attestavano la realtà. La maggior parte, tuttavia, degli esperimenti riportati non aveva alcun legame diretto con le teorie esplicative proposte.

Al contrario, il trattatello *Of Colours* del MS Add. 3975 consta di una serie interconnessa di esperimenti che non fanno appello esplicitamente ad alcuna ipotesi esplicativa, così come sono presenti nelle *Quaestiones*, ma che apparentemente concludono, come affermerà Newton più tardi, « direttamente e senza alcun sospetto di dubbio » [19].

È certo che il trattatello in questione riflette una fase ormai ulteriore rispetto alla scoperta. L'ordine degli esperimenti è mutato rispetto a quello delle *Quaestiones* e tutto lascia supporre che Newton abbia ormai imparato a distinguere le ' congetture ' dalle ' certezze ', ossia stia applicando il metodo della generalizzazione appreso da Boyle e che già si è discusso [20].

D'altra parte, la connessione tra le *Quaestiones* e il trattatello *Of Colours* è tale che in quest'ultimo si possono ancora riconoscere gli elementi concettuali che hanno diretto la scoperta. È probabile, come afferma Westfall, che il trattatello *Of Colours* sia il « distillato di altri scritti ora perduti » [21].

Come si è visto, nelle *Quaestiones*, Newton è particolarmente interessato alla composizione dei colori, in specie quelli prismatici, e avanza due previsioni sul fondamento delle ipotesi elaborate per interpretare l'esperimento delle due superficie riflettenti. Una di queste previsioni era ricalcata su un esperimento di Boyle che aveva ottenuto il colore verde proiettando il giallo prismatico su un corpo blu vivo. Newton ritiene, e si è visto perché, che il blu prismatico cadendo sul rosso possa produrre un verde.

Per controllare questa previsione, Newton avrebbe dovuto far passare la luce attraverso il prisma, e non utilizzarlo solamente come una lente. Fu questo probabilmente il primo e principale motivo che condusse Newton a provare la trasmissione della luce attraverso il prisma. Solo in un secondo momento il suo interesse si sarebbe diretto all'esame della legge di rifrazione della *Dioptrique* di Descartes. Il taccuino che contiene le ricerche sulla rifrazione e sulla molatura delle lenti (MS Add. 4000, ff. 26ʳ-33ᵛ) è posteriore alla voce *Of Colours* delle *Quaestiones*, e se effettivamente risale all'inverno tra il 1664 e 1665 Newton avrebbe avuto qualche problema a proiettare la luce del sole attraverso il prisma, almeno secondo gli angoli di incidenza da lui descritti.

La seconda previsione è costituita dal *memorandum* del f. 122ʳ che implicava la proiezione di due spettri prismatici e la loro sovrapposizione. Poiché Newton aveva certamente un prisma (quello usato per l'esperimento delle superficie riflettenti), è verosimile che controllasse la prima previsione, giacché gli bastava allo scopo una bella giornata di sole. Newton sapeva che polveri, pigmenti, carte o vetri blu mescolati con polveri, pigmenti, carte o vetri rossi producevano il porpora (nota 12 del f. 124ᵛ delle *Quaestiones*). Newton sapeva anche (da Boyle, che stava sunteggiando) che il rosso e il blu prismatici mescolati insieme producevano ancora il porpora. La previsione di Newton si giustifica soltanto in base alla supposizione, presente nelle *Quaestiones*, che i corpi modificavano la luce secondo la loro attitudine a conservare o diminuire il moto dei raggi incidenti. E poiché Newton riteneva che i raggi verdi fossero quelli di velocità mediana, i lenti raggi blu avrebbero dovuto essere accelerati da un corpo rosso così come i veloci raggi gialli sarebbero stati ritardati da un corpo blu. In altre parole, Newton riteneva che un colore prismatico riflesso da un corpo colorato non si *mescolasse* con il colore di quest'ultimo, ma venisse modificato secondo la disposizione di quel corpo a riflettere raggi più o meno veloci. L'opinione era conforme alla teoria modificazionistica di Boyle. La riflessione dei raggi prismatici da parte dei corpi doveva essere un fenomeno alquanto diverso da quello derivante dalla mescolanza dei pigmenti o altri oggetti colorati, perché nel primo caso la luce veniva modificata direttamente da un corpo disposto a riflettere certi colori, mentre nel secondo caso venivano modificati i corpi stessi. Una coincidenza dei risultati non era giustificata all'interno della teoria modificazionistica. Secondo il modello esplicativo costruito da Newton, infatti, un corpo rosso, ad esempio, rifletteva i raggi veloci; posto al buio e illuminato da un colore prismatico, ad esempio un blu, cioè un raggio lento, ne avrebbe modificato la velocità in virtù della sua maggiore forza elastica, producendo un raggio verde, né lento né veloce [22].

Non sappiamo quando Newton fece l'esperimento di proiezione del blu prismatico su una superficie rossa.

Certamente il risultato che ottenne non fu il verde, ma il blu. La superficie rossa *non modificava* il colore dei raggi riflessi. L'esperimento, proprio perché era stato progettato per controllare una previsione teorica, aveva un valore cruciale. Qualunque fosse l'azione dei corpi che riflettevano la luce, essa non poteva mutare o modificare i raggi colorati. Il modello esplicativo costruito da Newton per interpretare l'esperimento delle due superfície riflettenti veniva drasticamente semplificato. I corpi riflettevano i raggi colorati, ma non li modificavano. L'azione della riflessione doveva essere intesa come una separazione (o una composizione) dei colori, esattamente come quella della rifrazione, non come un mutamento reale delle parti della luce. La riflessione, e la rifrazione, non potevano *generare* i colori, ma solo separarli o mescolarli. Di conseguenza dovevano esistere due specie di colori, semplici e composti. La teoria modificazionistica era abbandonata.

Nel MS Add. 3975 l'esperimento di proiezione del blu prismatico viene esposto in una forma più complessa di quella richiesta dalla previsione della nota 12 bis delle *Quaestiones*. Newton proietta il blu prismatico (e poi il rosso) su una striscia di carta dipinta di blu e di rosso. È evidente l'analogia con l'esperimento di rifrazione dei due fili colorati delle *Quaestiones*, riproposto anche nel trattatello *Of Colours* (esperimento 6, f. 2).

In questa forma, tuttavia, l'esperimento di proiezione del blu prismatico attestava comparativamente che l'intensità del colore della superficie riflettente era proporzionale alla sua capacità di rimandare all'occhio un raggio colorato in quantità date, senza modificarlo quanto a specie.

10. Dipingendo su un pezzo di carta un bel colore blu e rosso nessuno dei quali era molto più luminoso dell'altro (poiché trasportandoli gradualmente al buio, entrambi si indebolivano quasi ugualmente e scomparivano insieme) se il blu prismatico cadeva sui colori entrambi apparivano perfettamente blu, ma la parte dipinta di rosso produceva il blu molto più debole e oscuro, mentre se il rosso prismatico cadeva sui colori entrambi apparivano perfettamente rossi ma la parte dipinta di blu produceva il rosso molto più debole. Il prisma era disposto come nell'ottavo esperimento. Osserva che tanto è più puro

il { blu / rosso } tanto meno è visibile con raggi { blu / rossi[23].

Newton si preoccupa di scegliere due colori della stessa intensità luminosa per evitare che i risultati dell'esperimento possano essere interpretati come un caso particolare di variazione di luminosità; al contrario, egli sottolinea, nell'osservazione finale, che l'indebolimento del colore prismatico è tanto maggiore quanto più puro è il colore della superficie che lo riflette. Così una superficie rossa assorbe, senza modificarlo, il blu prismatico e lo riflette in ragione inversa al grado di purezza che possiede. Dunque, una superficie colorata è tanto più pura quanto più riflette colori prismatici della stessa specie. Ne seguiva anche che i colori composti (cioè non puri) riflettevano colori prismatici di specie diversa. Inoltre era sempre possibile scomporre un colore composto nei suoi componenti, rifrangendo quel colore attraverso il prisma. È questo, ormai, il significato che assume l'esperimento delle due superficie riflettenti osservate attraverso il prisma: i colori luminosi si comportavano come il bianco e i colori oscuri come il nero perché la luce da essi riflessa non era pura. Non a caso, Newton colloca ora la versione semplificata dell'esperimento delle superficie riflettenti subito dopo quello della proiezione prismatica su superficie colorate [24]. Inoltre, come si è visto, propone anche una combinazione di entrambi gli esperimenti, che si conclude con una delle pochissime ipotesi teoriche presenti nel trattatello del MS Add. 3975: « 13. Ma se in una camera oscura il blu o il rosso prismatico cadono su un foglio *abcd* i bordi della carta non appariranno altrimenti colorati attraverso un altro prisma di quanto non appaiano a occhio nudo, cioè: saranno dello stesso colore del resto del foglio. [Poiché il primo prisma separa perfettamente i raggi blu o rossi mentre ritengo che tutti i colori propri ai corpi siano un poco misti] » [25].

L'affermazione della immutabilità in specie dei colori prismatici non ha ancora, probabilmente, il peso teorico che acquisterà in seguito. Newton tuttavia è consapevole che essi sono semplici e che non mutano in seguito alla riflessione. Il risultato dell'esperimento, tuttavia, non poteva sorprendere un lettore attento di Boyle. Infatti, nell'esperimento V della *Experimental History of Colours* Boyle aveva già concluso che i colori prismatici erano omogenei: « [...] avendo [...] ridotto l'iride prismatica (proiettata su un foglio bianco) in uno spazio molto ristretto e avendola osservata con un microscopio, i colori apparivano gli stessi quanto a specie come quando erano osservati a occhio nudo » [26].

L'esperimento di Newton può essere addirittura considerato una variante di quello di Boyle, in cui il microscopio è stato sostituito da un secondo prisma usato come lente dispersiva. Newton tuttavia colloca l'esperimento in un contesto teorico assai più ricco, mentre Boyle vuole unicamente mostrare la realtà dei colori prismatici. La stessa cosa si deve dire per la prima parte dello stesso esperimento di Boyle, in cui è chiaramente affermato che la riflessione e la rifrazione non alterano i colori prismatici: « [...] l'iride prismatica (se posso chiamarla così) potrebbe essere riflessa senza perdere nessuno dei suoi diversi colori [...] non solo da uno specchio piano e da una calma superficie di acqua chiara, ma anche da uno specchio concavo; e la rifrazione distruggeva altrettanto poco questi colori quanto la riflessione » [27].

Nonostante ciò, come si è visto, Boyle è tratto in inganno proiettando il giallo prismatico su un corpo blu vivo, probabilmente perché la camera non era del tutto oscurata, ma anche perché Boyle si aspettava di vedere il verde in analogia con le altre mescolanze di colore.

Al contrario, Newton vede nelle mescolanze di colore, comprese quelle osservate da Boyle, un indizio dell'esistenza di colori semplici e primari ontologicamente distinti da quelli composti, e non solo funzionalmente come riteneva Descartes, per il quale la natura dei colori consisteva solo nell'apparire; lo stesso Boyle, che considerava i colori enfatici reali, faceva poi consistere la realtà dei colori nella modificazione subìta dalla luce in seguito ad alterazioni meccaniche, che non potevano non essere apparenti.

Così Newton, annotando la *Micrographia* di Hooke, prima di raggiungere i risultati esposti nel MS Add. 3975, si interessa della composizione dei colori nei termini di un equilibrio dei componenti, la cui predominanza è sempre possibile ristabilire, indizio della apparenza del colore composto e della realtà di quelli componenti: « 69. Il porpora è composto di un profondo rosso e di un profondo blu cosicché se il blu viene smorzato (*diluted*) il rosso diviene predominante e il blu [lo diviene] se il rosso fosse smorzato. (Boyle, *of Colours*, esperimento 20) » [28].

L'esperimento qui citato di Boyle consisteva nel far cadere una goccia di sciroppo di violette su una carta bianca, aggiungendo poi alcune gocce di ' spirito ' di sale o aceto: il porpora dello sciroppo si mutava immediatamente in rosso.

Newton, come si è visto, interpreta allo stesso modo del porpora anche il verde ottenuto per mescolanza di polveri gialle e blu. In seguito agli esperimenti di proiezione dei colori prismatici, Newton si convince che questi non possono essere mescolati con i colori dei corpi semplicemente perché i corpi non hanno propriamente colore e si limitano a riflettere i colori prismatici in modo più o meno puro senza modificarli o alterarli, ma appunto mescolandoli. L'abbandono della teoria modificazionistica della luce è ormai definitivo, ma esso si accompagna alla contrapposizione tra colori reali, semplici e omogenei e colori apparenti, composti ed eterogenei. È una contrapposizione destinata a incidere profondamente sul modo di pensare di Newton: essa emerge dal rifiuto del fenomenismo cartesiano, e si ritroverà dovunque questo è messo in discussione: nella considerazione del movimento (vero e apparente), e dello spazio e del tempo (assoluto e relativo).

Nella *Memoria* del 1672 troviamo una chiara conferma del ruolo avuto dagli esperimenti di proiezione dei colori prismatici sui corpi colorati al fine di superare la concezione modificazionistica della luce, e quindi dell'importanza di questi esperimenti nella fase della scoperta:

13. [...] i colori di tutti i corpi naturali non hanno altra origine che questa: essi sono variamente qualificati a riflettere un tipo di luce in maggior quantità di un altro. E questo ho sperimentato in una camera oscura illuminando quei corpi con luce omogenea di diversi colori. Infatti in questo modo qualsiasi corpo può esser fatto apparire di qualsiasi colore. Essi non hanno alcun colore proprio, ma appaiono sempre del colore della luce proiettata su di essi, tuttavia con questa differenza, che sono più luminosi e vividi alla luce del proprio colore diurno. Il *minio* appare indifferentemente di qualsiasi colore con cui è illuminato, ma più luminoso con il rosso, e il *turchino* appare indifferentemente di qualsiasi colore con cui è illuminato, ma più luminoso con il blu. E perciò il *minio* riflette i raggi di qualsiasi colore, ma più copiosamente quelli rossi; e di conseguenza quando è illuminato con luce diurna, cioè con tutti i tipi di raggi mescolati promiscuamente, quelli qualificati rossi saranno più abbondanti nella luce riflessa, e per la loro prevalenza causeranno l'apparenza di quel colore. E per la stessa ragione il *turchino*, riflettendo il blu più copiosamente, apparirà blu per l'eccesso di quei raggi nella sua luce riflessa; e così per gli altri corpi. E che questa sia la causa completa e adeguata dei loro colori è manifesto, perché non hanno *la capacità di mutare o alterare il colore* di qualsiasi raggio incidente separatamente, ma assumono indifferentemente tutti i colori con cui vengono illuminati [29].

Abbandonata la teoria modificazionistica della luce, Newton introduceva di nuovo la distinzione tra colori reali e apparenti, tanto avversata da Boyle, ma capovolta di segno. I colori prismatici sono reali e immutabili; quelli dei corpi, apparenti e mutevoli. Il colore non è più una qualità inerente ai corpi, ma si avvia ad esserlo ai raggi.

## 3. *Experimentum crucis*

Dopo la scoperta che la riflessione dei colori prismatici non modificava il colore in specie, l'esperimento secondo cui i raggi blu e quelli rossi venivano diversamente rifratti se osservati attraverso un prisma[30] acquistava a sua volta un valore di previsione più importante di quello fattuale. La causa della diversa rifrazione dei raggi non poteva infatti essere attribuita a nessuna proprietà acquisita durante la riflessione. In questo caso, una seconda rifrazione dei colori prismatici avrebbe dovuto produrre: a) un'ulteriore diversa rifrazione dei raggi colorati; b) la conservazione della specie del colore.

La possibilità di prevedere *a priori* questi punti può apparire a prima vista strana, ma non lo è più se si considera che essi derivano come conseguenze necessarie della scoperta che il colore è indipendente dalla riflessione e dalla rifrazione, cioè dal rifiuto di Newton dell'ipotesi modificazionistica. Abbiamo visto che questo rifiuto è avvenuto gradualmente, attraverso un processo razionale di combinazione degli elementi concettuali e fattuali dati dalla tradizione scientifica e filosofica. I punti a) e b) non sono elementi della scoperta, ma previsioni che, se accertate, hanno un valore di giustificazione. Che la riflessione e la rifrazione non distruggono i colori prismatici viene affermato, come si è visto, anche da Boyle, il quale tuttavia non abbandona l'ipotesi modificazionistica. Dunque, la semplice constatazione fattuale che il colore prismatico è indipendente dalla riflessione e dalla rifrazione non ha alcun valore di scoperta finché essa non diventi la conseguenza di un assunto teorico. Proprio perché la constatazione di Boyle non ha alcuna connessione con la sua ipotesi modificazionistica (ne ha una con l'ipotesi più debole che i colori enfatici sono reali), egli non è in grado di utilizzare i dati fattuali in funzione della scoperta, anzi è indotto a compiere anche errori sperimentali (il giallo prismatico che si mescolerebbe con il blu vivo producendo il verde) in contrasto con questi dati.

Questo spiega perché Boyle, pur avendo a disposizione gli stessi dati di Newton (più giusto sarebbe affermare il contrario), non giunse alla sua stessa scoperta. Sarebbe una affermazione banale dire che egli avrebbe potuto farlo, giacché non lo fece; ma i frequenti casi di scoperte simultanee, e sicuramente indipendenti, nella storia della scienza dovrebbero far riflettere sulle condizioni che si rivelano decisive per l'innovazione.

La ricca articolazione sperimentale presente nel MS Add. 3975, e ancor più nel MS Add. 4002, deriva da alcuni esperimenti rivelatisi fondamentali nella fase della scoperta, per la connessione che essi mantengono con l'ipotesi teorica che li ha generati o da cui questa è stata ricavata.

Così gli esperimenti 44 e 45 del MS Add. 3975, che diverrano poi la matrice del famoso *experimentum crucis* descritto nella *Memoria* del 1672 [31], completano, per simmetria, gli esperimenti di rifrazione della luce riflessa e di riflessione della luce rifratta, confermando l'ipotesi antimodificazionistica mediante la rifrazione della luce rifratta, in quanto i primi forniscono gli *stessi risultati* dei secondi:

> 44. Rifrangendo i raggi attraverso un prisma (come nel settimo esperimento) e tenendo un altro prisma circa 5 o 6 iarde dal primo per rifrangere di nuovo i raggi, ho trovato: primo, che i raggi blu soffrono una rifrazione maggiore dal secondo prisma dei raggi rossi;
> 45. in secondo luogo, che i raggi puramente rossi rifratti dal secondo prisma non producevano altri colori tranne il rosso e quelli puramente blu nessun altro colore tranne il blu [32].

Come il prisma rifrange diversamente i raggi riflessi, altrettanto fa con i raggi rifratti; come la riflessione dei raggi puramente blu o rossi non produce altro colore che il blu o il rosso (esperimento 10 dello stesso manoscritto), altrettanto fa la loro rifrazione.

Dall'esperimento 44 e 45 Newton poteva inferire che il grado di rifrazione corrispondeva ai diversi colori e viceversa. Newton tuttavia non ricava questa inferenza in modo esplicito. Certamente nella sua ipotesi originaria i raggi diversamente colorati, essendo dotati di diverse velocità, erano caratterizzati anche da diversi gradi di rifrazione. Ma poiché la velocità non era associata di per sé con un dato raggio, anche il grado di rifrazione non ne era, di conseguenza, associato.

Ora Newton ha scoperto l'immutabilità dei raggi colorati, cioè la loro indipendenza dalla riflessione e dalla rifrazione. Essi continuano tuttavia a differire secondo i gradi di rifrazione. Una proprietà matematica dei raggi si rivela affine a una proprietà fisica. Il pieno significato di questa affinità verrà compreso da Newton solo nel MS Add. 4002 [33], quando la fase della scoperta potrebbe apparire terminata.

In effetti, la fase della scoperta, come si è visto nel caso delle previsioni ricavate dagli assunti iniziali di Newton, è talmente connessa con quella della giustificazione da costituire un unico contesto ininterrotto, attraversato da previsioni e anticipazioni, nonché da continui *feed-back* di controllo che danno nuovi assetti agli elementi concettuali e a quelli fattuali.

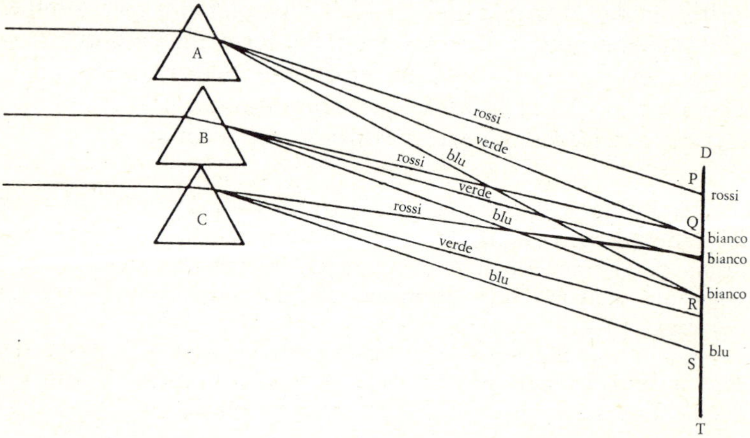


Quando Newton nel trattatello *Of Colours* del MS Add. 3975 accerta che la previsione avanzata nel *memorandum* del f. 122$^r$ è corretta, ricorrendo a un esperimento di composizione degli spettri mediante tre prismi, rafforzato con un altro ingegnoso esperimento, la fase iniziale della scoperta può ritenersi terminata.

46. Se tre o più prismi A, B, C sono posti al sole cosicché il colore rosso del prisma B cade sul colore verde o giallo del prisma A e il colore rosso del prisma C cade sul colore verde o

giallo del prisma B, e i detti colori cadono sullo schermo DE nei punti P, Q, R, S: qui apparirà un colore rosso in P e uno blu in S ma tra Q e R dove i rossi, gialli, verdi, blu e porpora dei diversi prismi sono mescolati insieme appare un bianco [34].

Il secondo esperimento proposto viene compiuto con un solo prisma, il cui lato viene schermato ad eccezione di alcune fessure poste a distanza regolare. Il sole attraversando queste fessure produce diverse strisce colorate che possono essere raccolte su uno schermo, a una certa distanza, mescolate insieme e perciò bianche. È improbabile che questo esperimento sia stato ideato prima di quello con i tre prismi, perché ne rappresenta manifestamente una semplificazione.

La conclusione di Newton, che pone termine alla riflessione iniziata nelle *Quaestiones* intorno alla mescolanza dei colori, sulla scorta di Boyle, è la seguente:

48. Come il bianco era prodotto da una mescolanza di tutti i tipi (*sorts*) di colori (esperimento 46 e 47) il verde è prodotto da una mescolanza di blu e giallo, il porpora da una mescolanza di rosso e blu ecc. [35].

Newton sta parlando delle mescolanze dei colori prismatici, le quali tuttavia, dopo il rifiuto dell'ipotesi modificazionistica e la constatazione che i corpi riflettono solo colori prismatici, sono le uniche vere mescolanze. È ormai abbandonato il punto di vista delle *Quaestiones* che prevedeva la possibilità di diversi risultati secondo i diversi tipi di mescolanze, mentre la constatazione di Boyle dell'uniformità dei risultati ottenuti mescolando pigmenti, polveri, carte e vetri colorati veniva giustificata teoricamente. Mescolando questi corpi, infatti, si mescolava solo la luce colorata da essi riflessa. Newton è costretto anche ad abbandonare un'analogia che, nelle *Quaestiones*, gli era apparsa plausibile, che cioè la mescolanza di due colori posti nella metà inferiore e in quella superiore dello spettro, come il giallo e il blu, producesse sempre un colore intermedio. Questa analogia, che gli aveva probabilmente suggerito la previsione, rivelatasi poi doppiamente errata, che il blu e il rosso potesse produrre un tipo di verde (il doppio errore era: il blu prismatico non si mescolava con una superficie rossa; nel caso di reale mescolanza, il colore composto era il porpora) era connessa con il modello esplicativo fondato sulla diversa velocità dei raggi colorati, decrescente dal rosso al porpora. La constatazione che i colori estremi dello spettro non producevano colori intermedi (il rosso e il blu davano il porpora, come aveva affermato Boyle, cioè, secondo il modello esplicativo di Newton, un colore più lento) poneva seri dubbi sulla possibilità di giustificare le differenze dei colori facendo ricorso unicamente a cause meccaniche. Nella *Memoria* del 1672 Newton si limita a precisare il fatto, senza addurre alcuna giustificazione. Naturalmente, poiché nella *Memoria* non c'è alcun riferimento a ipotesi meccaniche, la precisazione di Newton è superflua, giacché la teoria esposta non prevede alcuna regola di composizione dei colori primari e la specie dei colori composti è soggetta a determinazione puramente fattuale:

> 6. [...] una mescolanza di *giallo* e di *blu* produce il *verde*; di *rosso* e di *giallo* produce l'*arancione*; di *arancione* e di *giallo-verde* produce il *giallo*. E in generale, se sono mescolati due colori qualsiasi, che nella serie di quelli generati dal prisma non sono troppo lontani l'uno dall'altro, essi a causa del loro amalgamarsi compongono quel colore, che nella detta serie appare intermedio tra di loro. Ma quelli che sono situati a troppo grande distanza, non fanno così. L'*arancione* e l'*indaco* non producono il *verde* intermedio, né lo *scarlatto* e il *verde* il *giallo* intermedio [36].

La difficoltà legata alla composizione dei colori estremi dello spettro, unitamente alla notevole problematicità di giustificare l'immutabilità dei colori primari mediante una proprietà meccanica, furono probabilmente i motivi principali per cui Newton non rese esplicite quelle ipotesi sulla velocità dei raggi e sulle loro quantità di moto che avevano avuto un rilievo decisivo nella fase della scoperta.

D'altra parte, l'estrema compattezza e consequenzialità degli esperimenti del trattatello *Of Colours* del MS Add. 3975 rivela che Newton aveva preferito rinunciare alle ipotesi meccaniche in favore dell'alta evidenza fattuale che aveva ormai raggiunto nel solco della tradizione sperimentale.

Con gli esperimenti di composizione della luce, Newton aveva concluso il circolo iniziato con la scomposizione della stessa mediante l'esperimento delle due superficie riflettenti, in un primo tempo, e, in un secondo tempo, con la proiezione della luce attraverso il prisma. A sua volta, la permanenza dei colori prismatici riflessi da superficie di diverso colore o nuovamente rifratti, confermava, con la sua evidenza fattuale, che tanto nella scomposizione quanto nella composizione della luce i colori non venivano creati o distrutti dall'azione dei corpi riflettenti e rifrangenti.

La questione era: poteva una proprietà meccanica acquisita manifestare un così alto grado di permanenza? La risposta di Newton è negativa, come sarebbe stata negativa quella di qualunque meccanicista del '600. Fu questo il motivo per cui Newton decise di non occuparsi più delle ipotesi meccaniche? In realtà, Newton darà in seguito una risposta che rafforza la sua scelta fattuale proprio nella seconda *Memoria* del 7 dicembre 1675:

> Dio che diede agli animali un moto autonomo al di là della nostra comprensione, è senza dubbio capace di comunicare *altri princìpi di moto ai corpi che possiamo comprendere altrettanto poco.* Alcuni affermerebbero prontamente che questo può essere un movimento spirituale; tuttavia potrebbe esser mostrato che è meccanico, se non ritenessi preferibile non curarmene. Ma coloro che non gradiscono questo, possono supporre che la luce sia qualsiasi altra emanazione corporea o un impulso o un moto di qualsiasi altro mezzo o spirito etereo diffuso attraverso il corpo principale dell'etere, o qualsiasi altra cosa che possono immaginare adatta allo scopo. Per evitare dispute e rendere generale questa ipotesi, ognuno segua in questo la propria immaginazione [37].

Newton dunque è incline a ritenere che il movimento proprio della luce e dei suoi componenti sia meccanico, ma che sia sottoposto a princìpi non ancora noti e comunque diversi da quelli che agiscono comunemente tra i corpi. Il metodo della generalizzazione è ormai fissato. Le ipotesi fisiche diventano irrilevanti perché la luce e i colori non subiscono alcun cambiamento fisico. « [...] Tutte le produzioni e le apparenze dei colori nel mondo sono derivate, non da un cambiamento fisico causato nella luce dalla rifrazione o dalla riflessione, ma soltanto dalle varie mescolanze o separazioni dei raggi, in virtù della loro differente rifrangibilità o riflessibilità. E da questo punto di vista segue che la scienza dei colori diventa una speculazione più adatta ai matematici che ai naturalisti »[38]. Il passo continuava con queste parole, poi cancellate e omesse tanto nella lettera alla Royal Society che nella stampa: « e richiede piuttosto di essere ritenuta matematica che fisica, come vi dissi nella mia prima lettera, e posso in seguito spiegare più completamente »[39].

L'inadeguatezza o l'irrilevanza delle ipotesi meccaniche non è dunque accidentale; la giustificazione di queste ipotesi, infatti, qualunque esse fossero, risiedeva nell'assunto modificazionistico, caduto il quale esse fallivano necessariamente lo scopo. La luce ha una *natura*, tanto che « coloro che lo vogliono possono supporla un aggregato di varie qualità peripatetiche »[40].

Questa concezione resta immutata nell'*Opticks*, in cui Newton chiaramente riconosce che non solo le ipotesi meccaniche erano inadeguate per spiegare le proprietà della luce, ma anche la via della ricerca fisiologica, che era apparsa tanto promettente al tempo delle *Quaestiones*, non poteva giungere a determinare proprietà reali appartenenti alla natura di un corpo. Come nessuna causa fisica può produrre o alterare le proprietà colorifiche dei raggi, così né l'immaginazione né le modificazioni del sensorio possono influire su ciò che dipende dalla natura della luce: « E da questo punto di vista la scienza dei colori diviene una speculazione genuinamente matematica come qualsiasi altra parte dell'ottica. Intendo, per quanto essi dipendono dalla natura della luce, e non sono prodotti o alterati dal potere dell'immaginazione o da un colpo o da una pressione sull'occhio »[41].

Questa posizione finale di Newton ha apparentemente cancellato l'intero contesto della scoperta, abbattendo tutti i puntelli che erano serviti da impalcatura per il conseguimento della nuova teoria dei colori. Sembra che Newton, nel passo sopra citato dell'*Opticks*, stia dialogando con se stesso per denunciare come erronei tentativi compiuti quarant'anni prima nelle *Quaestiones*, in specie nella voce *Of Imagination* del f. 125$^{r}$ e negli esperimenti di pressione sull'occhio già ricordati. Ma le cose non stanno esattamente così. Come attesta la *query* 16[42] Newton ripropone ancora, in forma problematica, gli stessi elementi presenti, a vario titolo, nella fase della scoperta. Nella *Memoria* del 1672 e ancor più in quella del 7 dicembre del 1675 riaffiorano in forma ipotetica alcuni dei modelli meccanici proposti nelle *Quaestiones*[43]. Così anche la fase finale della giustificazione della teoria mantiene legami ancora operanti con il contesto della scoperta. In effetti, il processo di scoperta della teoria dei colori entrò in una nuova fase quando già l'efficacia della tradizione naturalistico-sperimentale proposta da Boyle aveva esaurito il suo potere innovatore. Si può affermare che il trattatello *Of Colours* del MS Add. 3975 rappresenta il culmine di questa efficacia. Se si esclude, infatti, l'associazione del grado di rifrangibilità con il colore, tutti i restanti undici punti che costituiscono la dottrina o teoria esposta nella *Memoria* del 6 febbraio 1672 sono chiaramente presenti nel MS Add. 3975. In esso si rinviene anche l'affermazione fattuale che i raggi di un colore subiscono una maggiore o minore rifrazione di altri, ma è dubbio che Newton sia già consapevole della costanza della relazione tra colore e rifrangibilità. Un'affermazione contenuta nell'esperimento 52 sembra

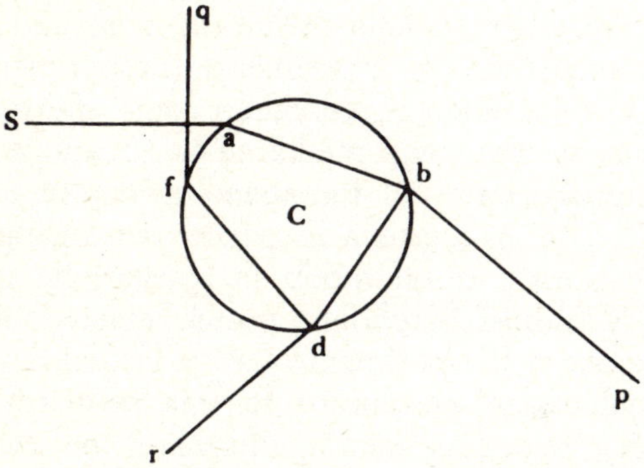


attestare il contrario. Si tratta di un esperimento compiuto, sulla scorta di Descartes, con un globo di vetro riempito d'acqua, attraverso cui veniva fatta passare la luce del sole per simulare le condizioni di produzione dell'arcobaleno per rifrazione da parte delle gocce d'acqua. Newton sottolinea la diversità di comportamento di una terminazione della luce che attraversa il prisma rispetto a quel che accade quando attraversa il globo di vetro: « Sebbene una terminazione della luce proiettata attraverso il prisma non produrrà sia blu che rossi; tuttavia in questo globo lo fa (vedi *Meteora* di Cartesio, cap. 8, sez. 9). Infatti i raggi rd e fq producono ogni sorta di blu e di rossi [...] »[44].

È vero che i raggi *rd* e *fq* sembrano diversamente rifratti, ma se la relazione tra colore e grado di rifrangibilità fosse ritenuta costante, Newton non avrebbe proposto una così vistosa eccezione al comportamento dei raggi che attraversano il prisma.

Per quanto riguarda, invece, la maggior parte dei fenomeni riportati da Boyle nella sua *Experimental History of Colours* e alcuni esperimenti riportati da Hooke nella *Micrographia*, in specie quello, annotato da Newton[45], di due prismi di vetro concavi riempiti rispettivamente di un liquido rosso e blu, trasparenti singolarmente ma del tutto opachi se accoppiati, il MS Add. 3975 presentava una soluzione efficace e convincente senza ricorrere a ipotesi meccaniche, ma rappresentando i fenomeni stessi mediante una serie interconnessa di esperimenti. Così i fenomeni della foglia d'oro o del legno nefritico, che apparivano di un colore alla luce riflessa e di un altro a quella trasmessa, potevano essere rappresentati[46] mediante tre esperimenti (l'esperimento 22, 24 e 37) che riproducevano il fenomeno come effetto di una diversa separazione dei raggi mediante la rifrazione e la riflessione. La riproduzione del fenomeno mediante un apparato sperimentale, che ne metteva in chiaro per analogia le cause operanti, sostituiva in tal modo la spiegazione ipotetica. È chiaro che le ipotesi avrebbero potuto essere occultate nell'interpretazione dell'esperimento, la cui fattualità però veniva rafforzata dall'essere presentato in una serie interconnessa. Ma si poteva ragionevolmente affermare che essi « concludevano direttamente e senza sospetto di dubbio »[47]? Finché gli esperimenti fossero stati connessi a ipotesi più o meno determinanti, come, nonostante le sue affermazioni in contrario, era capitato anche a Boyle con l'ipotesi modificazionistica, non c'era alcuna speranza che l'affermazione di Newton si rivelasse ragionevole.

La costanza della relazione tra colore e rifrangibilità del raggio introdusse nella scoperta newtoniana un elemento assolutamente eterogeneo rispetto alla tradizione naturalistico-sperimentale. Quando la fase naturalistica della scoperta si conclude (ed è questa, in sostanza, che viene resa pubblica nella *Memoria* del 1672), inizia una fase successiva in cui Newton si collega alla tradizione matematica. Questa fase non rappresenta in alcun modo la giustificazione della prima, o un suo rafforzamento: essa introduce una condizione generale dell'invenzione scientifica indipendente dalla precedente ma con essa assimilabile. Si tratta, in altre parole, di una modificazione delle caratteristiche stesse della ricerca scientifica che tende non tanto a giustificare la scoperta nella sua particolarità, cioè la nuova teoria dei colori, ma a mantenere le condizioni che l'hanno resa possibile. In questo modo, il processo della scoperta tende a investire e a travolgere, in un certo grado, i processi di giustificazione consentiti. Il grado di innovazione di una scoperta si rivela così proporzionale alla sua capacità di modificare anche gli elementi dei processi di giustificazione.

Rifiutando le ipotesi meccaniche come elemento di giustificazione, Newton si troverà di fronte l'opposizione di Hooke, che sarà invece interessato alla parte sperimentale del lavoro di Newton [48]. E nella sua risposta alle obiezioni di Hooke, Newton sosterrà che non è necessario limitare o spiegare la sua dottrina con una qualsiasi ipotesi. L'opposizione tra spiegazione e dimostrazione, sottolineata dalle prime parole dell'*Opticks* [49], è già configurata. Nella stessa lettera di risposta a Hooke, Newton precisa perché non è necessario ricorrere a ipotesi determinanti o esplicative per giustificare la sua dottrina:

Dissi in verità che la *scienza dei colori era matematica e altrettanto certa come qualsiasi altra parte dell'ottica*; ma chi non sa che l'ottica e molte altre scienze matematiche si fondano tanto su princìpi fisici quanto su dimostrazioni matematiche: e che l'assoluta certezza di una scienza non può oltrepassare la certezza dei suoi princìpi. Ora l'evidenza con la quale asserii le proposizioni dei colori è espressa nelle parole successive come derivata dagli *esperimenti* e così solo *fisica*: donde le proposizioni stesse possono essere ritenute niente più che *princìpi* fisici di una scienza. E se quei princìpi sono tali che su di essi un matematico può determinare tutti i fenomeni dei colori che possono essere causati dalle rifrazioni, e ciò calcolando o dimostrando in quale maniera o quanto queste rifrazioni separano o mescolano i raggi ai quali i differenti colori sono originariamente inerenti; suppongo che la *scienza dei colori* sarà riconosciuta matematica e altrettanto certa come qualsiasi parte dell'ottica. E che questo possa essere fatto ho buona ragione di credere, perché da quando venni per la prima volta a conoscenza di questi princìpi, ho fatto uso di essi a questo scopo con costante successo nei risultati [50].

Le conseguenze del metodo della generalizzazione sono ora del tutto chiare. La luce viene considerata in modo astratto senza riferimento a qualsiasi ipotesi. È questo, come si è visto, il programma di Boyle [51], che non verrà abbandonato nemmeno nella *Memoria* del 1675, quando Newton avanzerà un'ipotesi costrettovi dall'incomprensione che la sua dottrina aveva incontrato presso i rappresentanti della filosofia meccanica:

Se *dovessi* assumere un'ipotesi, essa sarebbe questa [52] purché fosse proposta in modo *più generale*, tanto da non *determinare* che cos'è la luce [...] poiché ho osservato che la testa di qualche grande virtuoso si sofferma molto sulle ipotesi, come se i miei discorsi avessero bisogno di un'ipotesi con cui spiegarli, e ho trovato che alcuni, quando non riuscivo a farmi capire parlando della luce e dei colori *in modo astratto*, hanno prontamente compreso quando illustravo il mio discorso con un'ipotesi [...] [53].

L'accenno ironico è certamente rivolto a Hooke (il « grande virtuoso »). È altrettanto chiaro che Newton sta accettando un compromesso con la scienza ufficiale. Il suo intento, tuttavia, è quello di continuare a procedere sulla via della generalizzazione — il programma di Boyle — fino all'estrema conseguenza, che andava ben oltre l'intento di Boyle, di trasformare la scienza dei colori in una scienza matematica. La scienza dei colori era infatti, all'epoca di Newton, una scienza fisica e non faceva parte dell'ottica geometrica. Si trattava di far confluire nello stesso solco due tradizioni distinte che, per molti aspetti, fallivano entrambe lo scopo: la prima per la debolezza delle sue spiegazioni ipotetiche rispetto alla forza delle dimostrazioni della seconda; la seconda per l'incertezza e la povertà dei suoi princìpi di fronte all'evidenza e alla ricchezza degli esperimenti della prima [54].

Le parole finali della citata lettera a Hooke attestano che fu proprio nella fase della scoperta dei princìpi fisici, derivati dagli esperimenti, della scienza dei colori, che Newton comprese di poter applicare ad essi il calcolo o la dimostrazione matematica. Questa seconda fase della scoperta avrà conseguenze teoriche ancor più rilevanti della prima, perché fornirà alla tradizione matematica un significato filosofico. Occorre qui sottolineare di nuovo che questa seconda fase non fu in alcun modo una giustificazione della prima, sia perché quando Newton rese pubblica la nuova teoria dei colori omise accuratamente (o fu costretto a omettere) ogni riferimento alla sua convinzione che la scienza dei colori potesse divenire matematica, sia perché, agli occhi dei contemporanei, aveva maggior bisogno di giustificazione quest'ultima convinzione che non la teoria stessa.

Nella medesima lettera a Hooke viene esplicitato uno dei princìpi che rende possibile l'introduzione del calcolo e della dimostrazione matematica nella scienza dei colori: la relazione costante tra colore e rifrangibilità. Newton afferma di aver fatto uso di tale principio, con successo, per *determinare*, come matematico, tutti i fenomeni causati dalle rifrazioni. Il calcolo e la dimostrazione matematica hanno così il compito assolto in precedenza, nella filosofia meccanica, dalle ipotesi determinanti ed esplicative. In una scienza così costituita, le ipotesi non hanno luogo; l'unica loro funzione residua è quella di ' illustrare ' il discorso per far comprendere quel che rappresentano. Il metodo della generalizzazione, che non è, come si è visto, un semplice metodo induttivo, come più tardi riterrà lo stesso Newton [55], ma un complesso e vario intreccio di processi argomentativi e di pratiche sperimentali, coincide in realtà con il processo della scoperta o dell'invenzione seguito da Newton.

Le parole con cui inizia l'*Opticks* sono l'eco della fase conclusiva della scoperta: proporre i princìpi mediante gli esperimenti, provarne le conseguenze con ' ragioni ' matematiche, rifiutare le ipotesi esplicative. Nonostante ciò, l'*Opticks* tradirà in parte questo programma, la cui massima estensione, in realtà, si trova nel MS Add. 4002 e nelle successive *Lectiones Opticae* (MS Dd. 9. 67). A queste due opere, probabilmente, si riferisce Newton quando sostiene, nella citata lettera a Hooke, che la scienza dei colori sarà riconosciuta matematica « perché da quando venni per la prima volta a conoscenza di questi princìpi, ho fatto uso di essi con costante successo nei risultati ».

Come giunse Newton a quest'ultima fase della scoperta,

che modificherà radicalmente le caratteristiche della ricerca scientifica del '600? Se è vero, come ho sostenuto altrove [56], che la proposta, chiaramente affermata nella lettera a Hooke, di princìpi fisici di una scienza matematica non verrà del tutto attuata nell'*Opticks*, ma sarà la matrice dei princìpi matematici di una scienza fisica, cioè dei *Principia*, la questione assume un interesse particolare. Sfortunatamente i manoscritti superstiti di Newton non sono altrettanto espliciti su questo punto come sulla storia sperimentale dei colori. È tuttavia possibile ricostruire, facendo riferimento al MS Add. 4002, le probabili tappe della fase finale della scoperta newtoniana.

## 4. *La tradizione matematica*

L'ultima fase della scoperta newtoniana della nuova teoria dei colori è caratterizzata dalla considerazione degli aspetti matematici della rifrazione. Nella *Memoria* del 1672 sono proprio questi aspetti ad essere immediatamente sottolineati:

> All'inizio dell'anno 1666 (a quel tempo mi applicavo alla molatura di vetri ottici di figura diversa dalla sferica) mi procurai un prisma triangolare di vetro, per provare con essi i famosi *phaenomena* dei colori. E a questo scopo avendo oscurato la mia camera, e praticato un piccolo foro nelle imposte, per lasciare entrare una conveniente quantità di luce solare, collocai il mio prisma al suo ingresso, così che potesse essere rifratta verso la parete opposta. Fu dapprima un divertimento molto piacevole osservare i vividi e intensi colori così prodotti; ma dopo poco applicandomi a considerarli con più circospezione, divenni sorpreso di vederli in forma *oblunga*, la quale, secondo le leggi ammesse della rifrazione, mi aspettavo dovesse essere *circolare* [57].

Questo resoconto della scoperta newtoniana, nella sua vivace immediatezza, attesta più le buone doti di drammaturgo del suo autore che non la scrupolosità descrittiva di uno scienziato sperimentale. In effetti, ci sono buone ragioni per credere che il resoconto contenuto nella *Memoria* proponga gli argomenti in un ordine didascalico per evidenziarne la consequenzialità logica. Così non fu certamente un'osservazione casuale quella che produsse la ‘ sorpresa ’ di cui parla Newton. È vero che secondo le leggi note della rifrazione lo spettro avrebbe dovuto avere una forma circolare, ammesso che i raggi incidessero sul prisma con il medesimo angolo. Tuttavia le irregolarità che lo spettro mostrava attraversando il prisma erano irregolarità *fisiche*. Esse potevano essere attribuite allo spessore del vetro del prisma, al limite tra ombra e luce, all'ampiezza del foro ecc. Queste circostanze sono tutte prese in considerazione da Newton nella *Memoria*. Certamente esse non potevano essere accantonate per eliminazione. Poteva Newton escludere ogni irregolarità contingente durante la rifrazione?

Inoltre Descartes aveva mostrato che le lenti sferiche non rifrangono i raggi paralleli in un fuoco perfetto. In seguito alla legge di rifrazione, egli aveva proposto di eliminare l'inconveniente, particolarmente sentito nella costruzione dei telescopi, dando alle lenti una figura iperbolica o ellittica [58]. La conclusione di Descartes era del tutto corretta, da un punto di vista matematico. Le eventuali irregolarità fisiche non potevano essere previste. Descartes suppone che il mezzo rifrangente abba un indice omogeneo di rifrazione. I problemi fisici andavano risolti fisicamente; quelli matematici, matematicamente. Quando Newton, forse nell'inverno tra il 1664 e il 1665, si applica, come ricorda la *Memoria* del 1672, al problema della molatura delle lenti di figura diversa dalla sferica, ricerche descritte nel MS Add. 4000, non ha alcun dubbio sulla correttezza della proposta cartesiana. Egli è ancora convinto che l'imperfezione della diottrica non dipenda dall'accuratezza delle sue dimostrazioni; questa convinzione, contrariamente a quel che comunemente si afferma, non lo abbandonerà mai. Nel MS Add. 4002 Newton riconosce sostanzialmente l'esistenza dell'aberrazione sferica, dovuta alla forma geometrica delle lenti, ma nega che sia sufficiente a produrre i fenomeni di dispersione in quanto l'irregolarità introdotta dall'aberrazione cromatica è superiore a quella prevista:

[...] essi [gli scrittori di ottica geometrica] secondo l'intenzione delle loro dimostrazioni hanno detto ogni cosa con accuratezza e grande verità; ma qualcosa tuttavia e di grande importanza hanno lasciato ai posteri da scoprire. Vale a dire, nelle rifrazioni trovo un'irregolarità che sconvolge ogni cosa, e non solo fa sì che le figure delle coniche *non superino di molto* quelle sferiche, ma anche che quelle sferiche rendano *molto meno* di quanto renderebbero, se la detta rifrazione fosse uniforme [59].

Queste osservazioni risultano molto utili per comprendere la via seguita da Newton nella scoperta dell'aberrazione cromatica come conseguenza della natura eterogenea della luce, cioè di una sua proprietà fisica. La convinzione di Newton nasce manifestamente dal confronto tra l'effetto prodotto dall'aberrazione sferica rispetto a quella cromatica. Questo confronto poté esser fatto solo dopo che Newton ebbe calcolato gli indici di rifrazione per migliorare le tecniche di molatura delle lenti non sferiche, cioè dopo la stesura del MS Add. 4000 [60]. Fino ad allora, le proprietà attribuite nelle *Quaestiones* ai raggi, all'interno della tradizione dell'ottica fisica, come la velocità associata a un diverso grado di rifrangibilità o la diversa quantità di moto, non essendo considerate permanenti in quanto proprietà meccaniche, rientravano nel numero delle irregolarità contingenti, in nessun modo applicabili alla confutazione di una legge matematica. Sarebbe stato come se la legge di caduta dei gravi di Galileo venisse confutata dall'irregolarità prodotta dall'interposizione di mezzi resistenti.

In seguito agli esperimenti di composizione e di sovrapposizione dei colori, compiuti per accertare alcune previsioni delle sue ipotesi fisiche, Newton era giunto a rifiutare l'ipotesi modificazionistica e ad abbracciare, quasi suo malgrado, una teoria innatistica nonostante le comprensibili resistenze che l'ambiente dei ' virtuosi ', impegnato a confutare la dottrina aristotelica dei colori come qualità innate dei corpi, avrebbe riservato a questa nuova forma di innatismo:

E perciò [...] poiché le inerenti disposizioni o forme dei raggi, per cui sono atti a esibire un qualche colore, non possono essere distrutte, o mutate in alcun modo mediante la riflessione o la rifrazione, *che altro possiamo concludere* se non che le dette disposizioni sono insite ai raggi dalla loro origine, e ad essi, *per così dire*, innate, anche se non possono esibire i propri colori prima che quelli eterogenei siano separati l'uno dall'altro mediante le rifrazioni [61].

In queste parole possiamo riconoscere, quasi come avessero valore di biografia intellettuale, assai più che in quelle artefatte dell'inizio della *Memoria* del 1672, la fase centrale della scoperta newtoniana che segna il trapasso tra le *Quaestiones* e il trattatello *Of Colours* del MS Add. 3975, in cui è contenuto il primo esperimento pervenutoci della proiezione della luce attraverso il prisma da parte di Newton. Così il confronto tra l'aberrazione di sfericità e quella cromatica unitamente alla conclusione che le disposizioni (il termine viene usato anche da Boyle)[62] colorifiche dei raggi sono costanti o innate, si sommarono nell'interpretazione che Newton diede della forma dello spettro nell'esperimento di proiezione della luce attraverso il prisma. È vero che nel MS Add. 3975 gli esperimenti di composizione e di sovrapposizione sono successivi a quello di proiezione, ma l'ordine della scoperta non coincide necessariamente con quello espositivo. Inoltre è assai probabile che questi esperimenti siano stati compiuti quasi contemporaneamente. Essi tuttavia riflettevano due distinti processi di pensiero: il primo si sviluppava dalle *Quaestiones*, all'interno della tradizione fisica; il secondo proveniva dall'esame dell'aberrazione di sfericità proposto da Descartes, all'interno della tradizione matematica.

Una tappa per l'unificazione di questi processi è forse rappresentata da un'annotazione della *Micrographia* di Hooke: « 234 Questione 1. Se non possa essere costruito un globo gradualmente più denso verso il centro così da rifrangere tutti i raggi verso un sol punto i quali giungono // [paralleli] da un altro. Questo perfezionerebbe la diottrica »[63].

Il passo attesta l'interesse di Newton per il perfezionamento della diottrica, e forse già la sua sfiducia nella possibilità di ottenere i risultati sperati con lenti non sferiche. L'interesse della questione sta nella proposta di modificare l'indice di rifrazione gradualmente, variando la struttura *fisica* del mezzo rifrangente, non la forma geometrica. È manifesto tuttavia che Newton sta pensando all'aberrazione di sfericità, non al problema dei colori. E tuttavia la proposta che una proprietà fisica possa perfezionare una scienza geometrica, come appunto la diottrica, già prelude a una modificazione dei rapporti tra l'indagine matematica e quella fisica.

Nei primi tre esperimenti con il prisma del trattatello *Of Colours* del MS Add. 3975, la fusione dei due processi — e delle due tradizioni — è già avvenuta, anche se non ancora teorizzata. Il primo esperimento con il prisma, infatti, è quello condotto su una linea di due colori, rosso e blu, già presente nelle *Quaestiones* [64]. La differenza di rifrazione dei raggi blu e rossi è ricavata sperimentalmente, e così possiede solo un'evidenza fisica. In base a questa evidenza fisica — non più supportata da un'ipotesi meccanica, come la diversa velocità dei raggi — Newton interpreta anche l'esperimento successivo, quello della proiezione della luce attraverso il prisma, come una conferma che non tutti i raggi sono rifratti allo stesso modo perché essi non si raccolgono in un circolo. Newton non si aspettava affatto di vedere questo circolo, e non poteva essere sorpreso della forma allungata dello spettro, perché questa forma era parte di una previsione legata al suo stesso primo esperimento. Nella seguente descrizione la previsione, nella sua forma condizionale, è chiaramente riconoscibile:

7. Ponendo un prisma (il cui angolo *fbd* era circa 60°) in una camera oscura in cui il sole splendeva solo attraverso un piccolo foro rotondo *k*; e tenendolo vicino al foro *k* in modo tale che

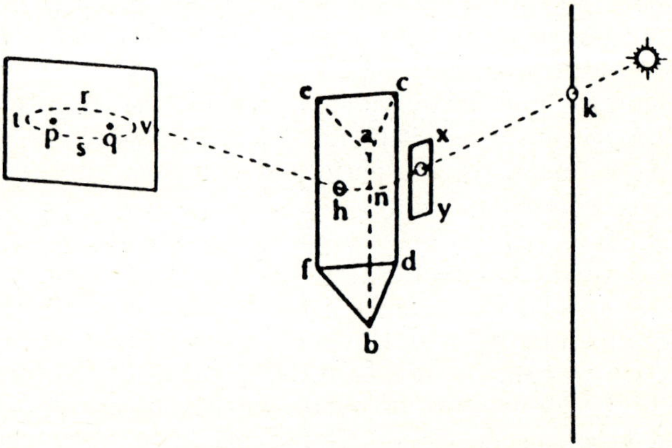


i raggi, essendo ugualmente rifratti a (*n* e *h*) nell'entrare e nell'uscire, proiettano i colori *rstv* sulla parete opposta. *I colori avrebbero dovuto essere in un circolo rotondo* (sic) *se tutti i raggi fossero rifratti ugualmente*, ma la loro forma era oblunga limitata ai lati *r* e *s* da linee rette; essendo la loro ampiezza *rs* di pollici 2 1/3, la loro lunghezza circa 7 o 8 pollici, e i centri del rosso e del blu (*q* e *p*) essendo distanti circa 2 3/4 o 3 pollici. La distanza della parete *trsv* dal prisma essendo 260 pollici [65].

Newton dunque compie l'esperimento (almeno quello qui descritto) pensando di porre alla prova la previsione ricavata dalle leggi ammesse della rifrazione (il circolo ' rotondo ') contrapponendola alla propria (la forma oblunga) ricavata dalla conclusione dell'esperimento precedente. Infatti si preoccupa che siano rispettate le modalità (la medesima rifrazione dei raggi a *n* e *h*) che potrebbero mettere in luce l'uniformità di rifrazione. L'esperimento è dunque progettato per la verifica di due previsioni contrastanti e non contiene nulla di casuale. La prima obiezione contro l'esperimento era, a sua volta, prevedibile: i raggi provenienti dal sole non erano paralleli e incrociandosi nel foro *k* cadevano sul prisma con inclinazioni sensibilmente diverse. Ma a diversi angoli di incidenza corrispondevano diversi angoli di rifrazione. L'immagine proiettata sarebbe apparsa oblunga anche secondo le leggi ammesse della rifrazione. Si trattava evidentemente di un semplice problema di calcolo. Newton ripete l'esperimento con un accorgimento che limita le differenze di inclinazione dei raggi incidenti:

8. Ponendo il prisma a metà tra il foro *k* e la parete opposta, nella stessa posizione, e collocando un'asse *xy* tra il foro *k* e il prisma, vicina al prisma, nella cui asse era praticato un piccolo foro della stessa dimensione del foro *k* (cioè: 1/8 di pollice di diametro) così che i raggi che passano attraverso entrambi questi fori verso il prisma sarebbero tutti quasi paralleli (richiedendo meno di 7′, mentre nel precedente esperimento alcuni raggi erano inclinati 31′). Allora la lunghezza e l'ampiezza dei colori sulla parete era in ogni modo meno della metà di prima di circa due pollici, cioè *rs*=3/8 di pollice, *tv*=2 3/4 di pollice e *pq*=1 1/4 di pollice. Così che i raggi blu e rossi che erano paralleli prima della rifrazione, si possono stimare generalmente inclinati l'uno rispetto all'altro dopo la rifrazione (un po' più un po' meno) di 34′. E che alcuni di loro sono inclinati più di un grado, in questo caso. E perciò se i loro seni di incidenza (dal vetro all'aria) sono gli stessi, i loro seni di rifrazione saranno generalmente nella proporzione di 285 a 286 e per i raggi rossi

e blu più estremi, essi saranno come 130 a 131+. Infatti in seguito all'esperimento se il loro angolo di incidenza dal vetro all'aria fosse 30°, l'angolo di rifrazione dei raggi rossi essendo 48° 35′: l'angolo di rifrazione dei raggi blu sarà 48°, 52′ generalmente: ma se i raggi fossero i rossi e blu estremi l'angolo di rifrazione dei raggi blu può essere più di 49°, 5′ [66].

Con queste irregolarità fino a che punto la diottrica avrebbe potuto continuare a gloriarsi delle sue leggi geometriche? L'imperfezione della diottrica non poteva essere risolta *more mathematico* e nemmeno giustificata con lo scarto tra la forma ideale delle lenti e la loro realizzazione tecnica. In Newton si fa strada la convinzione che la diottrica non può essere una scienza puramente geometrica. Questa convinzione fu il risultato dei suoi esperimenti di proiezione mediante il prisma, interpretati in base tanto alle ricerche fisiche delle *Quaestiones*, quanto a quelle matematiche (calcolo degli indici di rifrazione e sviluppo delle tecniche di molatura delle lenti) del MS Add. 4000.

L'incontro (e lo scontro) tra queste due tradizioni di pensiero costituì l'elemento concettuale più rilevante e più denso di conseguenze della scoperta newtoniana.

Nella citata lettera di risposta a Hooke troviamo affermato che « la scienza dei colori era matematica e altrettanto certa come qualsiasi altra parte dell'ottica » [67]. Questa convinzione non era presente nelle *Quaestiones*, e nemmeno nel trattatello *Of Colours* del MS Add. 3975. In quest'ultimo troviamo soltanto una presunta smentita sperimentale di un principio su cui si era fondata fino ad allora la diottrica nelle sue dimostrazioni: l'uniformità di rifrazione. Questo principio era un principio fisico e, in quanto tale, non poteva essere dimostrato matematicamente. Ora, l'esperimento solo poteva conferire un qualche grado di certezza a un principio fisico. Ma l'esperimento di proiezione della luce attraverso il prisma attestava il contrario di quel che i princìpi della diottrica richiedevano. Di conseguenza, Newton è portato a sospettare che l'imperfezione della diottrica sia dovuta all'incertezza dei suoi princìpi fisici. Non sappiamo quando Newton giunse a questa conclusione. Nel MS Add. 4002 essa è chiaramente presente. È certo tuttavia che la conclusione che la diottrica, scienza matematica, era imperfetta senza un esame più accurato (sperimentalmente più accurato) dei suoi princìpi, fu raggiunta prima della analoga conclusione, simmetricamente capovolta, che la scienza dei colori era matematica, vale a dire che i suoi princìpi potevano essere soggetti al calcolo e alla dimostrazione. Nel MS Add. 3975 Newton è già sulla strada per raggiungere la prima conclusione. Sempre nella lettera di risposta a Hooke troviamo il chiaro indizio che fu proprio la considerazione dell'incertezza dei princìpi dell'ottica geometrica a generare la conclusione che la scienza dei colori era matematica: « Dissi in verità che la scienza dei colori era matematica e altrettanto certa come qualsiasi altra parte dell'ottica; ma chi non sa che l'ottica e molte altre scienze matematiche si fondano tanto su *princìpi fisici* quanto su dimostrazioni matematiche: e che l'assoluta certezza di una scienza non può oltrepassare la *certezza dei suoi princìpi* » [68].

La *incepti ratio* del MS Add. 4002 sottolinea esplicitamente l'importanza della scoperta di Newton anche per la perfezione di una scienza matematica:

Ma accorgendomi che i geometri fino ad ora hanno vaneggiato su una certa proprietà della luce che si riferisce alle rifrazioni, mentre suppongono tacitamente per le loro dimostrazioni una certa ipotesi *fisica* non bene stabilita: ritengo di non fare cosa infruttuosa, se sottoporrò a un esame più severo i princìpi di questa scienza, e se aggiungerò a quello che ultimamente il mio reverendo antecessore [Isaac Barrow] ha esposto da questo luogo, ciò che io contemporaneamente scoprii intorno a tali princìpi e ho accertato con numerose esperienze [69].

Eppure la scoperta di Newton è una scoperta ' filosofica ', che riguardava cioè le operazioni della natura, non matematica, come viene chiaramente affermato in una lettera a Oldenburg successiva al suo invio del telescopio a riflessione:

Desidero che nella vostra prossima lettera vogliate informarmi per quanto tempo la *Royal Society* continua le sue riunioni settimanali, perché se esse proseguono per qualche tempo ho intenzione di proporre, affinché sia considerato ed esaminato, un resoconto di una scoperta filosofica che mi indusse alla costruzione di detto telescopio, e che non dubito risulterà molto più gradita della comunicazione di quello strumento, essendo a mio giudizio la più straordinaria se non la più considerevole rivelazione che sia stata fatta fino ad ora nelle operazioni della natura [70].

Il fatto che questa ' scoperta filosofica ' sconvolga ogni cosa (« [...] nelle rifrazioni trovo un'irregolarità, che sconvolge ogni cosa » [71]) non è accidentale. Seguendo le fasi della scoperta, si è visto che le condizioni che l'hanno resa possibile non erano integrabili con un'unica tradizione di pensiero, e non potevano quindi ricevere l'assenso della razionalità scientifica dominante all'interno di ciascuna di queste tradizioni. La pretesa di Newton di perfezionare una scienza matematica con gli esperimenti doveva essere sentita come un attentato contro la purezza e la semplicità del *mos geometricus*. Viceversa, proporre una scienza fisica come se fosse matematica poteva apparire ai più un'inutile goffaggine. D'altra parte, Newton fa appello, come a una nozione comune, al carattere *misto* dell'ottica e di molte altre scienze matematiche. In un'altra parte del MS Add. 4002 queste scienze vengono anche elencate: l'astronomia, la geografia, la nautica e la meccanica. Ma Newton si spinge molto oltre: la sua scoperta è solo un esempio, seguendo il quale si raggiunge una nuova forma di razionalità scientifica. Newton è irresistibilmente portato a generalizzare le condizioni che hanno reso possibile la sua scoperta e a identificarle *tout court* con quelle che legittimano la scienza della natura:

Ma affinché non sembri che abbia sorpassato i limiti del dovuto mentre mi accingo a trattare la natura dei colori, i quali si possono ritenere non attinenti per nulla alla matematica: non sarà inutile se ricorderò di nuovo la ragione di questo intento. Senza dubbio l'affinità tra le proprietà delle rifrazioni e quelle dei colori è così grande, che non si possono spiegare isolatamente. Chi voglia conoscere nel debito modo le une, è necessario che conosca le altre. E se non trattassi d'ora in poi delle rifrazioni, e la ricerca su di esse non fosse motivo per intraprendere insieme una spiegazione dei colori: tuttavia la generazione dei colori contiene tanta geometria, e la loro conoscenza è confermata con tanta evidenza, che proprio grazie a essi potrei accingermi ad ampliare un poco i confini della matematica. Infatti allo stesso modo che l'astronomia, la geografia, la nautica, l'ottica e la meccanica sono ritenute scienze matematiche quantunque in esse si tratti di cose fisiche — cielo, terra, navi, luce e moto locale — così anche se i colori appartengono alla fisica, tuttavia la loro scienza deve essere ritenuta matematica in quanto sono trattati con il ragionamento matematico. Anzi, poiché la scienza accurata di questi sembra essere tra le più difficili che un filosofo possa desiderare; spero, *quasi ad esempio*, di mostrare quanto la matematica valga in filosofia naturale; e quindi di esortare i geometri ad accingersi a un più stretto esame della natura, e gli amanti della scienza naturale ad appropriarsi prima della geometria: affinché i primi non sprechino totalmente il loro tempo in speculazioni in alcun modo utili alla vita umana, e i secondi a lungo impegnati con un metodo inadeguato, non perdano ogni loro speranza per sempre: ma affinché filosofando i geometri e esercitando la geometria i filosofi, otteniamo, al posto di congetture e cose probabili, che si smerciano ovunque, una scienza della natura finalmente confermata con la più alta evidenza [72].

È questo, in assoluto, uno dei passi più eloquenti scritti da Newton, in cui traspare tutto l'entusiasmo suscitato dalla scoperta della nuova teoria dei colori. Non si trattava soltanto della « più straordinaria se non la più considerevole rivelazione che sia stata fatta fino ad ora nelle operazioni della natura », ma della riscoperta del metodo più adeguato per l'indagine sulla natura, quello stesso che aveva generato le antiche scienze matematiche poi sclerotizzatesi in astruse speculazioni, e che la filosofia naturale invano aveva cercato di raggiungere. Molti anni dopo, possiamo ritrovare l'eco di queste pagine nella prima prefazione (1686) ai *Principia* quando Newton propone princìpi matematici di filosofia sulla base della convinzione che la geometria stessa — come l'ottica e le altre scienze matematiche — non oltrepassi la certezza dei suoi princìpi, e che la filosofia può ben fondarsi su questi come questa su quelli [73].

Newton era dunque consapevole che la sua scoperta comportava l'abbandono di pregiudizi secolari e poneva in questione lo *status* e le metodologie delle scienze matematiche e fisiche, anche nell'assetto che avevano acquisito nella filosofia meccanica e sperimentale.

Capitolo quarto

# DOPO LA SCOPERTA

## 1. *Ambiguità dei fatti*

Nella *Memoria* del 6 febbraio 1672 Newton rende pubblica la sua teoria della luce e dei colori. La dottrina viene esposta in tredici proposizioni che, come chiarirà poi Newton a Hooke [1], costituiscono altrettanti princìpi fisici, perché derivati dagli esperimenti, della nuova scienza dei colori.

È fuori dubbio che la *Memoria* doveva costituire un'anticipazione della dottrina di Newton, occasionata dall'invio alla Royal Society del telescopio riflettente [2]. Sappiamo che Newton nel 1671 stava già preparando per la stampa le sue lezioni di ottica (il MS Add. 4002 o il suo rifacimento, il MS Dd. 9. 67). In queste lezioni, i princìpi fisici, esposti nella *Memoria* del 1672, originavano anche un notevole sviluppo matematico. Ma il 25 maggio 1672 Newton risponde a John Collins, che si era offerto di promuovere l'edizione delle sue lezioni su suggerimento di Isaac Barrow, di aver deciso altrimenti « trovando già per quel poco uso che ho fatto della stampa, che non godrò della mia precedente serena libertà finché avrò a che fare con essa » [3].

Eppure la pubblicazione delle lezioni di ottica avrebbe mostrato come la scienza dei colori poteva divenire matematica: conclusione, questa, tra le più importanti che Newton aveva raggiunto. Di conseguenza, rifiutando di dare alle stampe le lezioni di ottica, Newton non rese mai pubblica per intero la sua scoperta.

Le numerose obiezioni sorte intorno alla *Memoria* del 1672 — prime tra tutte quelle di Hooke, seguite poi da quelle di Pardies, Huyghens, Linus, cioè dei ' virtuosi ' più noti d'Europa — costrinsero Newton a battersi sul terreno delle ipotesi esplicative, quel terreno appunto che egli, a torto o a ragione, riteneva di aver già abbandonato con il metodo della generalizzazione e con la proposta di sviluppare matematicamente la scienza dei colori. Appunto perché la sua scoperta implicava una profonda modificazione dei metodi comunemente accettati nella ricerca fisica, la speranza di Newton di rispondere efficacemente alle obiezioni, senza attaccare questi metodi, era quasi nulla. Così, nonostante le proteste di Newton, tutti gli oppositori, a partire da Hooke, considerano la sua teoria della luce un'ipotesi e come tale la esaminano. La reazione di Newton su questo punto dovette sembrare per lo meno sconcertante, giacché la formulazione di ipotesi era un aspetto consacrato della metodologia della ricerca fisica.

Nella discussione con Pardies, che fu l'unico a dichiararsi infine soddisfatto delle risposte di Newton, l'incomprensione su questo punto sfiora la farsa. Di fronte all'energica protesta di Newton (« Che il reverendo Padre chiami ipotesi la mia teoria, mi sta bene purché la consideri non ancora evidente. Ma io l'avevo proposta con altro intento, e mi sembra che contenga soltanto certe proprietà della luce, che una volta trovate non ritengo difficile provare, e che se non conoscessi essere vere, preferirei ripudiare come futile e vuota speculazione, piuttosto che riconoscere come mia ipotesi » [4]), la risposta di Pardies manifesta soprattutto stupore: se ha chiamato ipotesi la teoria di Newton, è stato perché ha usato la prima parola che gli veniva in mente! In ogni caso, non si pensi che « tale parola sia impiegata per disprezzo » [5].

La linea di difesa di Newton si arrocca intorno alla fattualità e alla ripetibilità dei suoi esperimenti, svincolati dalle implicazioni teoriche e metodologiche che ne avevano accompagnato la genesi. Questo risulta particolarmente evidente nella risposta a Huyghens. In essa Newton accenna ad alcune supposizioni che erano senz'altro presenti e attive nella fase della scoperta: che cioè la luce consiste di corpuscoli differenti per figura, grandezza, grado di velocità o di forza. Ma aggiunge: « [...] esaminare come i colori possano essere così spiegati ipoteticamente va oltre il mio proposito » [6]. Questa affermazione risultava certamente incomprensibile per un filosofo meccanicista. Perché Newton rifiutava le spiegazioni? Poteva la fisica farne a meno? Newton aveva già dato una risposta in tal senso a Oldenburg: « [...] permettetemi di affermare per inciso che non posso pensare che sia efficace per *determinare la verità* esaminare i diversi modi con i quali i fenomeni possono essere spiegati [...] » [7].

Questa affermazione equivale a un rifiuto del ' metodo degli astronomi ', di cui aveva parlato Descartes. Ma non si tratta solamente del rifiuto di aderire a un certo metodo: l'orientamento di Newton è per la verità. Nella controversia con Huyghens questo orientamento resta occultato, e si presenta nella forma riduttiva della pura fattualità. Così Newton risponde a Huyghens riproponendo l'atteggiamento tipico dello scienziato sperimentale, che coincide, in sostanza, con quello di Boyle nella *Experimental History of Colours*: « Non ho mai inteso mostrare in che cosa consista la natura e la differenza dei colori, ma solo mostrare che *de facto* essi sono originarie e immutabili qualità dei raggi che li esibiscono, lasciando che altri spieghino mediante ipotesi meccaniche la natura e le differenze di quelle qualità [...] » [8].

Questa affermazione salva la legittimità di introdurre ipotesi esplicative (ma non determinanti, come viene precisato nella risposta a Pardies [9]), ma è tuttavia ugualmente incongruente rispetto alla fase finale della scoperta newtoniana. Nel MS Add. 4002, infatti, Newton afferma esplicitamente di accingersi « a trattare la *natura* dei colori » [10]. Il senso della sua risposta a Huyghens è allora questo: egli non intende trattare la natura dei colori mediante ipotesi meccaniche, ma, come propone nel MS Add. 4002, matematicamente. Poiché tuttavia quest'ultima proposta non viene esplicitata, il senso dell'affermazione di Newton viene irrimediabilmente distorto. Inoltre, sostenendo che i colori sono originarie e immutabili qualità dei raggi, Newton, agli occhi di Huyghens, ne ha già determinato la natura, e quel che gli sfugge, se mai, è la natura dei raggi: ma anche questo non è vero. Attribuendo delle qualità reali ai raggi, egli non può che considerare questi ultimi delle sostanze. E questa è una vera e propria ipotesi metafisica. Rispondendo a Hooke, Newton aveva sostenuto che la sostanzialità o la corporeità dei raggi era una conseguenza molto plausibile della sua teoria, non una supposizione fondamentale [11]. Tuttavia, la scoperta delle proprietà della luce, com'è attestata nelle *Quaestiones*, aveva come fondamento proprio questa supposizione. Le oscillazioni di Newton al proposito indicano una reale incertezza e invano egli si affanna ad attribuire la difficoltà all'uso di termini compromessi con la filosofia peripatetica o meccanica [12]. Qualunque filosofo meccanico, leggendo questo passo della *Memoria* del 1672, avrebbe sospettato la presenza eccessiva e ingombrante della metafisica aristotelica:

Stando così le cose, non si può disputare più a lungo se ci siano colori al buio, né se essi siano le qualità degli oggetti che vediamo, e nemmeno forse [13] se la luce sia un corpo. Poiché, dal momento che i colori sono le *qualità* della luce, avendo i suoi raggi come loro completo e immediato soggetto, come possiamo pensare che anche questi raggi siano *qualità*, a meno che una qualità possa essere il soggetto di un'altra e sostenerla: il che in effetti equivale a chiamarla *sostanza*. Non conosceremmo i corpi come sostanze, se non fosse per le loro qualità sensibili, e se la principale di queste viene ora trovata come dovuta a qualcosa d'altro [cioè ai raggi], abbiamo una ragione altrettanto buona di ritenere che anche questo sia una sostanza [14].

Che queste ' qualità ' siano soltanto una disposizione dei raggi e che i colori siano propriamente modi della sensazione, come preciserà Newton in nota [15], non muta i termini del problema. Se è vero che Newton rifiuta di riconoscere, come volevano i peripatetici, i colori come qualità dei corpi, attribuendoli tuttavia ai raggi, lasciava inalterato il rapporto di inerenza della qualità alla sostanza, anzi utilizzava tale rapporto per insinuare la sostanzialità dei raggi di luce. È vero che Newton non ritiene che i raggi siano propriamente colorati, ma piuttosto coloriformi [16]. Tuttavia le differenze tra i colori intesi come modi della sensazione erano riferiti alle differenze sostanziali tra i raggi, di cui i primi erano gli effetti manifesti. In seguito alla sua scoperta e all'abbandono della teoria modificazionistica della luce, Newton rifiutava di attribuire al piano fenomenico i risultati dei suoi esperimenti e delle sue dimostrazioni, credendo di poter individuare dagli effetti manifesti le loro cause occulte e riferendo le qualità sensibili al piano delle sostanze. Con il metodo della generalizzazione Newton poteva rifiutarsi di determinare il piano delle sostanze, ma le proprietà che egli attribuiva ai raggi, cioè la semplicità e l'immutabilità, non potevano essere ricavate dagli esperimenti se non sul fondamento della corporeità dei raggi. Le incomprensioni cui andò incontro la teoria esposta nella *Memoria* del 1672 si originavano da questa ambiguità: né Hooke né Huyghens vedevano la necessità di mantenere un qualunque riferimento al piano delle sostanze nella spiegazione dei fenomeni dei colori. Da questo punto di vista, la soluzione sostanzialistica intravista da Newton non rappresentava, rispetto a quella meccanicistica, una innovazione, quanto piuttosto una pericolosa involuzione. Così la conseguenza più appariscente della teoria newtoniana, com'era espressa nella *Memoria* del 1672, poteva apparire un semplice spostamento di termini senza alcun reale vantaggio sul piano esplicativo: che i colori fossero qualità dei raggi anziché dei corpi lasciava irrisolto il problema della loro genesi.

Per Newton ogni raggio ha una forma che gli è propria (*insita, connata*), ed è questa forma che ci appare come colore e che produce una differenza di rifrazione ogni volta che un fascio di raggi, di forme diverse, viene deviato dal suo corso rettilineo. Nel MS Add. 4002 Newton utilizza il termine aristotelico ' forma ' affiancandolo a ' disposizione ' [17], e non accenna né alla grandezza né alla forza dei raggi, cioè a nessuna proprietà meccanica.

L'incontro delle forme o disposizioni dei raggi con quelle dei corpi produce un'interazione reciproca: alcuni raggi saranno intromessi e trattenuti, altri riflessi. Questi ultimi, separati dagli altri come nel caso della rifrazione, esibiranno quello che a noi appare come il colore dei corpi:

> [...] Trovo che tutti i colori di tutti i corpi non si generano diversamente che da una certa *disposizione* per cui sono adatti a riflettere alcuni raggi e a intrometterne altri. Così un corpo rosso è quello che riflette in massimo grado i raggi adatti al color rosso, e intromette la maggior parte degli altri: uno purpureo è quello che riflette i raggi propri a generare questo colore, e intromette gli altri: un corpo bianco, poi, è quello che riflette quasi tutti i raggi, e un corpo nero quello che li intromette tutti, respingendone pochissimi ma di tutte le specie [18].

È chiaro che questo modello esplicativo non ha più nulla in comune con quelli meccanicistici: le differenze tra le proprietà dei corpi non sono prodotte dalle loro azioni reciproche, ma solo manifestate. Non è il movimento il principio fondamentale di spiegazione, ma le forme o le disposizioni dei corpi. Così alle forme, o disposizioni inerenti (*insitae, connatae*), dei raggi corrispondono le disposizioni dei corpi, la cui costituzione è tale da combinarsi con alcuni raggi, intromettendoli, e da respingerne altri. I fenomeni dei colori sono il prodotto della separazione e della mescolanza di proprietà reali, semplici e immutabili. Da questo punto di vista, le proprietà meccaniche dei raggi passavano in secondo piano rispetto a quelle che noi chiameremmo chimiche: l'interesse di Newton per le mescolanze dei colori, su influenza di Boyle, è significativo al proposito. È certo che la concezione del bianco come una mescolanza eterogenea di colori, che potevano essere separati dal composto con opportune azioni meccaniche, riflette le opinioni generali di Newton sulla costituzione della materia. Come risponderà a Pardies [19], il bianco e il nero, che Boyle considerava ancora opposti, sono in realtà lo stesso colore *in specie*, perché il nero è pur sempre una mescolanza eterogenea di colori. Il bianco e il nero hanno gli stessi ' ingredienti '; ne varia la quantità. Come in qualunque composto o soluzione chimica, anche nel caso dei colori le azioni meccaniche hanno un'efficacia apparente: esse separano o mescolano, non producono. I colori dei corpi possono dunque rivelarne la composizione interna. Anche nell'*Opticks*, come ha sottolineato la Dobbs [20], Newton fonderà sui colori la possibilità di indagare la struttura dei corpi (quella « certa *disposizione* per cui sono adatti a riflettere alcuni raggi e a intrometterne altri ») pensando a una loro ordinata progressione corrispondente alla grandezza delle particelle della materia. La Dobbs vede in questo orientamento di Newton una suggestione originata dalle sue letture alchemiche: « Il metodo che egli elaborò deve essergli stato suggerito dalle sue letture alchemiche. Nella progressione della Grande Opera dell'alchimia, la materia nella sua forma più dissolta era sempre nera, e una sequenza definita di colori sorgeva a mano a mano che la materia era spinta verso la perfezione » [21].

Non è improbabile che l'orientamento sostanzialistico di Newton potesse coesistere con le sue letture alchemiche, nonostante l'apparente incompatibilità dei due punti di vista. Una concezione trasformistica della materia poteva essere conciliata con quella sostanzialistica, in cui l'immutabilità aveva un rilievo fondamentale. È certo che la scoperta newtoniana si originò al punto di intersezione di numerose tradizioni di ricerca: quella sperimentale e quella matematica, in primo luogo; e, in secondo luogo, quella chimico-alchemica. Anche se quest'ultima tradizione non esercitò probabilmente un'influenza decisiva nella direzione della scoperta, essa fornì a Newton alcuni elementi concettuali di rilievo.

## 2. *La tradizione chimica*

In Boyle e poi in Hooke, Newton aveva rinvenuto una grande ricchezza di osservazioni chimiche sui colori. Hooke tenterà di collegare queste osservazioni con un'ipotesi meccanica di grande interesse. Newton, che rifiuterà e discuterà questa ipotesi, non farà altrettanto con le osservazioni che la sorreggevano. Ciò porterà i due filosofi a uno scontro diretto, piuttosto aspro, dopo la *Memoria* del 1675, quando già i buoni rapporti tra i due si erano guastati in seguito alle osservazioni di Hooke sulla *Memoria* del 1672. Questo scontro, tuttavia, aveva le sue origini proprio nella saldatura che Newton aveva cercato di operare tra i risultati della sua scoperta e quelli ottenuti da Hooke. L'operazione di Newton era iniziata molto presto: è fuori dubbio, tuttavia, che quando annotò la *Micrographia* di Hooke (forse nel 1665), gran parte delle voci ottiche delle *Quaestiones* erano già state scritte. La seguente annotazione di Newton alla pagina 68 della *Micrographia* di Hooke riguarda alcuni concetti che, se non influiranno direttamente sulla scoperta newtoniana, le cui linee erano già state poste, acquisteranno tuttavia in seguito un ruolo non marginale:

Nessun colore può essere prodotto senza una qualche rifrazione (e invero le meno visibili particelle di tutti i corpi se esaminate con precisione per mezzo di un microscopio sono trasparenti, e adatte alla rifrazione, forse alcune essendo incrinate dallo sfregamento appaiono opache) e non fosse per tali interstizi e pori che lasciano entrare l'aria riflettente [o piuttosto un più denso etere] nessun corpo sarebbe opaco: infatti vediamo che tale si può fare qualsiasi metallo cristallo o vetriolo, che sono trasparenti e variamente colorati (ad esempio, il vetriolo d'oro è giallo, quello d'argento blu ecc.) la quale varietà di colori deve procedere dalle particelle metalliche e saline non mischiate. Un simile effetto segue dalle soluzioni di metalli in mestrui e dalle loro precipitazioni e calcinazioni mediante il fuoco il che è una specie di precipitazione mediante un sale proveniente dal fuoco. Anche i metalli calcinati sciolti con vetro gli danno sfumature di colori trasparenti. E una foglia d'oro è un blu trasparente: cosicché le parti coloranti disseminate di qualsiasi liquido trasmetteranno i raggi ma impediranno o promuoveranno il loro moto e così causeranno una varietà di impulsi forti e deboli, oltre altre irregolarità (*disorders*)[22].

Questo passo suggeriva a Newton alcuni punti importanti e soprattutto la possibilità che il colore corrispondesse alla struttura fisica della materia. I punti sono i seguenti: 1) la genesi dei colori è in rapporto diretto con la rifrazione e quindi con i corpi trasparenti: di conseguenza, tutti i corpi colorati devono avere particelle trasparenti; 2) i corpi che abbondano di pori appaiono opachi perché intromettono aria (o un etere più denso dell'aria, aggiunge Newton) che riflette la luce.

Naturalmente Hooke, che è un modificazionista, ritiene che i colori siano generati dalla rifrazione e dalla riflessione. Ma non esiste alcun legame di necessità tra i punti 1 e 2 e l'ipotesi modificazionistica della luce: caduta quest'ultima, quelli potevano anche restare. In altre parole, la mescolanza delle particelle nei corpi, la loro disposizione, le loro azioni reciproche, possedevano un rapporto con i colori indipendentemente dalla loro genesi diretta. È certo che Newton, quando annota questo passo, non possiede ancora la sua teoria. Una volta raggiunta, tuttavia, Newton poteva ritenere di conoscere la composizione della luce: di conseguenza, le osservazioni di Hooke permettevano di congetturare la struttura delle parti componenti i corpi naturali a partire dai loro colori. Molti fenomeni riportati da Boyle e da Hooke, in special modo la diversità di colore in una sottile foglia d'oro che trasmetteva per trasparenza il blu ma per riflessione il giallo, e segnalati sia nelle *Quaestiones* che nel MS Add. 3975, acquistavano ora, in seguito alla scoperta della natura dei colori, un significato fisico rilevante. Occorre, però, notare che gli stessi fenomeni venivano interpretati diversamente all'interno delle due teorie. Secondo Hooke (e Boyle) esistevano parti coloranti (e. g. blu nel caso dell'oro trasparente) che trasmettevano i raggi secondo un certo impulso, impedendo il passaggio di altri impulsi che potevano essere riflessi dall'aria che riempiva i pori (e. g. il giallo della foglia d'oro). Nel MS Add. 3975 questo stesso fenomeno era spiegato senza ricorrere a parti coloranti, ma veniva ' rappresentato ' da un esperimento con il prisma [23] che richiedeva comunque che la foglia d'oro possedesse parti trasparenti di diverse grandezze in grado di riflettere un certo tipo di raggi e di trasmetterne un altro. In altre parole, l'idea (di Hooke) che la trasparenza e la sua interruzione corrispondevano alla struttura delle parti della materia che interagivano con la luce, restava fondamentale anche per applicare la teoria di Newton alla spiegazione dei fenomeni riguardanti i colori dei corpi naturali.

La rifrazione e la riflessione della luce all'interno e alla superficie dei corpi andavano intese per Hooke come « *disorders* », irregolarità introdotte nella vibrazione uniforme e regolare dell'etere (la luce), parzialmente incanalate sotto forma di impulsi forti e deboli (ai cui estremi Hooke riconosceva il rosso e il blu) dalle particelle rifrangenti dei corpi. Tutti i colori, dunque, avevano origine dalla rifrazione ed erano prodotti all'interno del mezzo rifrangente (cioè di ogni corpo, ammessa la trasparenza delle sue più piccole particelle) corrispondendo ai diversi gradi di rifrazione intesi come « diluzioni » dei due gradi estremi, il rosso e il blu [24].

La teoria di Hooke era squisitamente meccanicistica e in essa né la luce né i colori possedevano una natura propria, essendo modificazioni soggettive degli organi di senso corrispondenti alla varietà degli impulsi meccanici. In termini più moderni, per Hooke tutti i colori dei corpi naturali erano riconducibili a fenomeni di interferenza delle vibrazioni luminose.

Un'altra annotazione di Newton della *Micrographia* coglie l'analogia tra la causa dell'opacità dei corpi e quella della loro bianchezza, essendo anch'essa un effetto della riflessione della luce provocata dall'ingresso di aria o di etere nei pori e negli interstizi delle particelle dei corpi:

83. La bianchezza dei corpi deriva dai loro interstizi e da altri pori riempiti di aria [o da qualche etere più riflettente] e perciò viene diminuita facendo entrare nei suoi pori acqua, olio di tre-

mentina [acqua ragia] ecc. come nella carta, nel lino, nella seta, nella pietra *Oculus mundi*, nel marmo bianco ecc. Donde possono essere spiegati molti *phaenomena* dell'aria come quelli riguardanti le foschie, le nubi, le meteore, gli aloni e di molti altri corpi e liquidi colorati [25].

La diminuzione del colore bianco era dunque proporzionale all'aumento della continuità delle parti del corpo mediante una sostanza più densa dell'aria (o dell'etere) che ristabiliva un certo grado di trasparenza. Trasparenza e opacità corrispondevano così a diversi stati di densità della materia. Le spiegazioni di Hooke rispondono a un quesito già presente nelle *Quaestiones* alla voce *Della trasparenza e opacità*: « Perché sebbene una vescica asciutta e l'acqua siano trasparenti, tuttavia una vescica bagnata non lo è. Sebbene l'olio sia meno diafano dell'acqua, tuttavia esso rende la carta più diafana di quest'ultima » [26].

La risposta di Hooke è che un corpo risulta tanto più opaco o bianco quanto più abbonda di pori. I corpi di pari densità erano trasparenti, e qualunque variazione sensibile introdotta nella struttura delle parti dei corpi provocava gradi variabili di opacità o di bianchezza in concomitanza con l'apparire delle riflessioni. Nella teoria di Newton i colori dei corpi apparivano in seguito alla riflessione di raggi monocromatici originari e immutabili e il tipo di raggio riflesso dipendeva dalla struttura fisica del corpo. L'idea di Hooke acquisiva così nella teoria newtoniana un potere esplicativo maggiore: era infatti virtualmente ricostruibile la struttura dei corpi (la grandezza delle parti e dei pori che li componevano) a partire dai loro colori. La teoria di Hooke, inoltre, unificava i fenomeni dei colori dovuti alla rifrazione e alla riflessione congiunte con una ricchezza di dettagli che l'analoga posizione cartesiana non possedeva.

L'aspetto meno convincente della teoria, agli occhi di Newton, era la sua incapacità di dar conto della regolarità dei fenomeni luminosi, in particolare del movimento rettilineo della luce. Inoltre se i colori nascevano da « disordini » provocati dalle particelle dei corpi su una vibrazione dell'etere, essi dovevano mostrare un alto grado di instabilità, e non risultava chiaro come, ad esempio per la produzione del blu, un impulso debole potesse essere seguito da uno più forte senza esserne assorbito. Così Newton annota: « Perché allora la luce non può deflettere da linee rette come i suoni ecc.? Come può il primo impulso debole procedere di pari passo con il successivo impulso più forte ed essere poi più debole a sufficienza? » [27].

Già Boyle si era reso conto dell'aspetto problematico che ogni teoria modificazionistica della luce assumeva nei confronti della comune esperienza che i corpi illuminati esibiscono un colore costante [28]. Solo la teoria di Newton poteva spiegare efficacemente questo fatto. Se la luce non può deflettere da linee rette, essa possiede una regolarità intrinseca, che mantiene anche dopo la rifrazione, altrimenti si disperderebbe come i suoni. È questa la ' ragione ' per cui Newton rifiuta questo aspetto dell'ipotesi di Hooke. Ma Newton non rifiuta affatto, anzi potenzia, l'altro aspetto, quello secondo cui esiste un rapporto determinato tra la struttura del corpo e il colore.

Un confronto tra il testo del commento alla *Micrographia* di Hooke e alcune proposizioni della parte 3 del *Discourse of observations*, che costituisce la seconda parte della *Memoria* del 1675 e che, com'è noto, sarà pubblicato anche nell'*Opticks* [29], basterà a convincercene. Così un aspetto rilevante di una teoria modificazionistica viene integrato con la teoria innatistica proposta da Newton in seguito alla sua scoperta.

| *Out of Mr Hooks Micrographia* (1665 ?) | *Discourse of observations* [30] (1675; forse composto nel 1672) |
| --- | --- |
| | Proposizione 2. |
| 68. [...] le meno visibili particelle di tutti i corpi [...] sono trasparenti, e adatte alla rifrazione, forse alcune essendo incrinate dallo sfregamento appaiono opache | Le parti minime dei corpi naturali sono in qualche misura trasparenti; e le opacità di quei corpi sorgono dalla moltitudine di riflessioni causate nelle loro parti interne |
| | Proposizione 3. |
| e non fosse per tali interstizi e pori che lasciano entrare | Tra le parti dei corpi opachi o colorati esistono molti inter- |

| | |
|---|---|
| l'aria riflettente [o piuttosto un più denso etere] nessun corpo sarebbe opaco | stizi, riempiti di mezzi di diverse densità [...] |
| | Proposizione 5. |
| Nessun colore può essere prodotto senza una qualche rifrazione [...]: cosicché le parti coloranti disseminate di qualsiasi liquido trasmetteranno i raggi [...] | Le parti trasparenti dei corpi, secondo le loro diverse grandezze, devono *riflettere* raggi di un solo colore, e *trasmettere* quelli di un altro [...] e questo ritengo essere il fondamento di tutti i loro colori. |
| | Proposizione 6. |
| 83. La bianchezza dei corpi deriva dai loro interstizi e da altri pori riempiti di aria [o da qualche etere più riflettente] e perciò viene diminuita facendo entrare nei suoi pori acqua, olio di trementina [...] Donde possono essere spiegati molti *phaenomena* dell'aria [...] e di molti altri corpi liquidi colorati. | Le parti dei corpi, da cui dipendono i loro colori, sono più dense del mezzo che pervade i loro interstizi. |

Secondo H. W. Turnbull queste proposizioni costituiscono i fondamenti della teoria di Newton [31]. Sfortunatamente, costituivano in parte anche i fondamenti della teoria di Hooke. In effetti, se la ricostruzione condotta fino ad ora della scoperta newtoniana è corretta almeno nelle sue grandi linee, le proposizioni del *Discourse of observations* sono del tutto autonome e collaterali rispetto alla teoria di Newton. Siamo di fronte a un caso di compatibilità tra due teorie per altri aspetti antitetiche. La compatibilità non è casuale: abbiamo visto, infatti, che nelle *Quaestiones* Newton è ancora modificazionista e che la sua innovazione mantiene alcuni elementi concettuali derivanti dalle teorie modificazionistiche. Questo fatto, tuttavia, sollevò una *querelle* presto composta se non soffocata, che contiene *in nuce* gli elementi tipici di tutte le dispute sulla priorità delle scoperte.

## 3. *Commensurabilità e incommensurabilità delle teorie*

Il 21 dicembre 1675 Newton scrisse una lettera a Oldenburg, letta pubblicamente alla *Royal Society* [32], che contiene una difesa contro alcune insinuazioni di Hooke. La lettera puntualizza in modo quasi notarile l'appartenenza delle varie idee sulla luce e sui colori discusse dallo stesso Newton nella *Memoria* del 7 dicembre 1675.

L'antefatto che condusse Newton a scrivere questa lettera, una vera e propria apologia condotta in specie di pesante attacco all'originalità della posizione di Hooke, è presto detto. Quando la seconda parte (il *Discourse of observations*) della *Memoria* del 1675 fu letta alla *Royal Society* il 16 dicembre 1675, Hooke osservò che « l'essenziale di essa era contenuto nella sua *Micrographia*, che il Sig. Newton aveva soltanto sviluppato in alcuni particolari » [33]. Oldenburg, che aveva una non vecchia ruggine con Hooke [34], riportò evidentemente questa osservazione a Newton. E questa fu la risposta:

> Quanto all'insinuazione del Sig. Hooke che il succo dell'ipotesi che vi ho spedita, era stato dato da lui nella sua *Micrographia*, non sono obbligato a preoccuparmi molto della libertà che egli si prende al proposito. Tuttavia poiché voi pensate che può essere un bene se io specifico la differenza che ritengo esserci tra quella e questa, lo farò il più brevemente possibile, tanto più che posso evitare la diceria di aver fatto qualcosa di ingiustificabile o di meschino nei confronti del Sig. Hooke. Ma a questo scopo devo prima (per vedere che cosa è suo) trar via ciò che egli ha preso a prestito da Descartes o da altri, cioè: Che c'è un mezzo etereo. Che la luce è l'azione di questo mezzo; che questo mezzo è meno coinvolto nelle parti dei corpi solidi e così si muove più liberamente in esse e trasmette la luce più rapidamente attraverso di esse e ciò in modo tale da accelerare i raggi in una certa proporzione. Che la rifrazione nasce da questa accelerazione e ha seni proporzionali. Che la luce è dapprima uniforme. Che i suoi colori sono un qualche disturbo o una nuova modificazione dei suoi raggi per rifrazione o riflessione, che i colori di un prisma sono prodotti mediante il mezzo in quiete che accelera un qualche moto dei raggi da un lato dove appare il rosso e lo ritardano dall'altro lato dove appare il blu, e che ci sono solo questi due colori originali o modificazioni colorifiche della luce, che nei loro vari gradi o, come il Sig. Hooke

li chiama, diluzioni, producono tutti quelli intermedi. Eliminato questo, il rimanente della sua ipotesi è che egli ha cambiato la pressione o moto progressivo del mezzo di Descartes con un moto vibratorio; la rotazione dei globuli con l'obliquità degli impulsi; e l'accelerazione della rotazione per un verso e il suo ritardo per l'altro da parte del mezzo in quiete per produrre i colori, con una azione simile del mezzo sui due estremi dei suoi impulsi allo stesso scopo. E avendo fin qui modificato la sua ipotesi da quella cartesiana, l'ha estesa ulteriormente per spiegare i fenomeni delle lamine sottili e aggiunto un'altra spiegazione dei colori dei corpi naturali fluidi e solidi [35].

Fin qui Newton fa un ottimo e sintetico resoconto della teoria di Hooke, che attesta anche una notevole conoscenza dell'ottica cartesiana. Ma l'aspetto più interessante di questa risposta è l'indiretta conferma dei modi effettivi in cui veniva condotta la ricerca fisica e dei parametri di valutazione delle innovazioni teoriche. Nessun dubbio che Hooke abbia operato una combinatoria di elementi presi a prestito da Descartes: ma l'ipotesi emergente, cioè l'indicazione del moto ondulatorio o vibratorio al posto della tendenza al moto o pressione di Descartes, non era sufficiente a dare un valore innovativo alla teoria di Hooke? È chiaro che Newton pensa di no: ma la sua convinzione era originata soprattutto dalla svalutazione delle ipotesi esplicative come mezzi adeguati per determinare la verità delle cose.

Newton continua così:

Questo penso sia in breve il succo della sua ipotesi e in tutto questo non ho nulla in comune con lui tranne la supposizione che l'etere sia un mezzo suscettibile di vibrazioni, supposizione di cui faccio un uso molto differente: supponendo egli che sia la luce stessa, cosa che io non suppongo. Questa è una differenza tanto grande quanto quella tra lui e Descartes. Ma oltre a ciò io spiego molto diversamente da lui il modo in cui avvengono la rifrazione e la riflessione e in tutti i casi la natura e la produzione dei colori (il che occupa il corpo del mio discorso) [...] [36].

È indubbio che queste affermazioni sono fondate: il corpo del discorso di Newton esclude una soluzione modificazionistica che identifica la luce con le vibrazioni dell'etere. Ma forse non era questo il punto per cui Hooke si era risentito. Come si vedrà, Hooke aveva già considerato la soluzione innatistica di Newton come una forma ingenua di sostanzialismo che lasciava le cose esattamente come le trovava. Concludendo la sua risposta, Newton cerca di minimizzare gli elementi che, come si è visto, aveva certamente mutuato da Hooke:

Questo dunque è il succo di ciò che è comune ad entrambi, che l'etere può vibrare, e così se egli pensa adatta all'uso quella nozione dei colori che sorgono dalla varia grandezza degli impulsi (senza la quale la sua ipotesi non serve a niente) la sua ipotesi prenderà a prestito dalla mia risposta alle sue obiezioni tanto quanto quella che vi ho spedito non faccia rispetto alla sua *Micrographia.*

Ma può darsi che egli intenda che io ho fatto uso delle sue osservazioni e di alcune l'ho fatto; come quella dell'inflessione dei raggi, per cui l'ho citato; quella dell'opacità che sorge dagli interstizi delle parti dei corpi, su cui non insisto; e quello dei corpi piatti che esibiscono i colori, un *phaenomenon* per la notizia del quale lo ringrazio [...] [37].

Newton sembra non sapere con precisione (o fa mostra di non saperlo) quali siano gli aspetti del suo discorso che hanno suscitato la reazione di Hooke. In effetti egli sfoggia buone doti di indovino, anche se forse pecca per eccesso di difesa. Newton è consapevole di aver introdotto un'innovazione teorica che muta radicalmente il significato delle osservazioni condotte da Hooke o da altri. Chi non intendesse, tuttavia, il valore teorico di questa innovazione, non sarebbe in grado di riconoscere la sua efficacia nei confronti delle osservazioni e dei dati sperimentali. E che Hooke fosse proprio in questo stato è manifesto dalle sue prime osservazioni critiche nei confronti della *Memoria* del 1672.

Il punto essenziale della sua critica è questo: non c'è alcuna necessità di considerare i raggi colorati come disposizioni o forme innate o inerenti alla luce, esattamente come sarebbe superfluo affermare che i suoni ineriscono all'aria dei mantici prima di essere emessi da un organo [38]. Hooke intende dire che, per la spiegazione dei fenomeni della luce e dei colori, il ricorso al piano della sostanza è irrilevante. In questo caso, Hooke si appella chiaramente al principio della semplicità della natura, che si riflette nella massima metodologica, comunemente accettata, secondo cui è sconveniente moltiplicare gli enti senza necessità: « [...] a me sembra più *naturale* immaginare nell'altro modo [a proposito dei raggi colorati] » [39].

Indubbiamente la differenza tra la posizione di Newton e quella di Hooke è assai grande, e certamente maggiore di quella che divideva Hooke da Descartes, anche se Newton, nella sua risposta, si accontenta della parità. In realtà, dal punto di vista teorico, non c'era, come Newton aveva giustamente osservato, alcuna differenza rilevante tra Hooke e Descartes, e la distanza di Newton da entrambi è la stessa. Al contrario, la teoria di Newton è simmetricamente opposta a quella di Hooke. Si tratta certamente di un classico caso di spostamento del significato teorico rispetto agli stessi dati sperimentali, di cui abbiamo seguito la genesi progressiva fino al completo capovolgimento dell'ipotesi modificazionistica della luce. Questo spostamento è avvenuto gradualmente mediante una diversa combinatoria dei dati sperimentali ed eliminando via via le ipotesi incompatibili.

Così Hooke riteneva che i colori ottenuti per rifrazione, ad esempio da un prisma, fossero gli effetti di un impulso confuso e *composto* (quello originario della luce *più* quello provocato dal mezzo rifrangente, che poteva aggiungersi o sottrarsi al primo, rafforzandolo o indebolendolo). La luce non colorata era il moto o l'impulso non confuso e *semplice*, propagantesi attraverso un mezzo omogeneo, uniforme e trasparente. Il bianco e il nero (la suggestione del giorno e della notte sembra ancora attiva) corrispondevano a una grande quantità o scarsità di raggi di luce non confusa e non disturbata [40]. Non v'era per Hooke altra maniera di produrre i colori e quelli dei corpi opachi venivano originati dalle parti trasparenti che li componevano, e quindi riflessi dagli interstizi o pori ripieni d'aria.

Per Newton il rapporto semplice/composto risulta del tutto capovolto. I colori ottenuti per rifrazione sono semplici e omogenei. La luce è composta ed eterogenea. Gli impulsi, ossia le vibrazioni del mezzo, non sono la luce ma suoi effetti. Il punto realmente importante era il seguente: lo spostamento di interpretazione teorica dei dati sperimentali era giustificato? E se lo era, da che cosa? In effetti, la scoperta newtoniana consiste propriamente e soltanto in questo spostamento di interpretazione teorica. I motivi che solitamente vengono addotti (una maggiore eleganza o semplicità della nuova teoria, un suo maggiore potere esplicativo ecc.) non sembrano cogliere il punto essenziale della questione, anche se fossero effettivamente presenti, ciò che non è il caso. D'altra parte, l'analisi fin qui condotta esclude il libero gioco dell'immaginazione o della creatività immotivata. Inoltre, le giustificazioni addotte nel contesto finale della scoperta hanno valore probante (come, ad esempio, l'*experimentum crucis*) solo se già si accetta il contesto iniziale. La soluzione che qui proponiamo su due livelli, quello epistemologico e quello storico, è la seguente: a) ogni spostamento di interpretazione teorica avviene in seguito all'agire di una tradizione intellettuale (o più) diversa da quella fino allora operante, in cui sono presenti concetti o temi dotati di un forte potere « attrattore »; b) la nuova teoria dei colori di Newton si sviluppò in seguito all'agire, accanto a quella sperimentale, della tradizione filosofica avente come tema centrale il concetto di sostanza, che inquinò progressivamente l'interpretazione modificazionistica e meccanicistica della luce.

La reazione di Hooke di fronte alla teoria newtoniana è sintomatica e denuncia tutti gli effetti prodotti da un ' salto ' di tradizione intellettuale. Nelle sue considerazioni sulla *Memoria* newtoniana del 1672, Hooke aveva declassato la scoperta di Newton, riducendola, conformemente alla tradizione meccanicistica, a una semplice ipotesi per salvare i fenomeni dei colori [41]. E non solo, da questo punto di vista, la teoria di Newton era un'ipotesi, né migliore né peggiore di altre, ma andava anche oltre il segno, pretendendo di spiegare i fenomeni in base a proprietà innate dei raggi di luce senza alcuna necessità. Rispetto alla spiegazione meccanicistica, la nuova teoria di Newton non offriva nessun vantaggio né esplicativo né pratico. Per quest'ultimo aspetto, anzi, poteva essere considerata nociva: infatti Newton aveva accantonato l'idea di migliorare gli strumenti ottici agendo sui mezzi rifrangenti. Al contrario, Hooke riteneva che questa via fosse promettente, avendo lui stesso proceduto in tale direzione. Non si può convincere Hooke di errore. Come in altre controversie di tipo genuinamente teorico, i disputanti hanno in genere ragioni equivalenti da porre in campo e un appello all'esperienza non è di alcuna utilità. E quale *experimentum crucis* poteva scoraggiare Hooke che scriveva: « Sarei molto lieto di imbattermi in un *experimentum crucis* del Sig. Newton, che mi faccia divorziare da essa [dalla mia ipotesi]. Ma non è quello, che egli chiama così, che raggiungerà lo scopo; infatti lo stesso fenomeno sarà salvato dalla mia ipotesi quanto dalla sua [...] » [42]? Quale esperienza poteva contraddire la teoria di Newton, se il suo stesso avversario riconosceva che essa « era in grado di salvare *tutti* i fenomeni dei colori » [43]? Hooke era inoltre disposto ad ammettere che esistessero altre ipotesi teoriche con le stesse caratteristiche.

Quale scegliere allora? Si noti che la risposta a questa domanda non è mai neutra: essa coinvolge, sempre e comunque, la (o le) tradizione intellettuale che si accetta. La risposta di Newton, in base alle affermazioni iniziali del MS Add. 4002 [44], è: quella vera, e che tale può essere provata con ragioni ed esperimenti. Hooke invece risponde: la più semplice, e si capisce perché; tra le tante ipotesi teoriche possibili, il criterio della semplicità si imponeva come il più naturale. Quel che dispiace a Hooke della teoria di Newton, per quanto sottili e ingegnosi fossero gli esperimenti e le considerazioni con cui era sostenuta, è il rifiuto, in essa implicito, della metodologia esplicativa meccanicistica. Ai suoi occhi, insomma, Newton non risolveva il problema dei colori, ma lo dissolveva. Per Hooke il passaggio della luce da un mezzo trasparente a un altro di diversa densità era un problema meccanico: egli non aveva alcun dubbio che la soluzione di questo problema costituisse anche la spiegazione delle differenze dci colori. Affermare, come faceva Newton, che queste differenze esistevano già prima della rifrazione, come proprietà innate dei raggi, dovette sembrargli troppo facile, quasi una *boutade.* Era come aggirare l'ostacolo, lasciando le cose come stavano. A che serve, allora, avere un ingegno sottile?

Newton dovette sospettare una reazione di questo tipo, anche se non chiaramente espressa, da parte di Hooke. Infatti, rispondendo alle sue considerazioni sulla *Memoria* del 1672, Newton, a mo' di premessa e probabilmente con finto candore, afferma: « Non dubito, tuttavia, che abbiamo entrambi un solo comune intento, uno sforzo sincero di conoscere, senza dar valore a incerte speculazioni per la loro sottigliezza, o senza disprezzare le certezze per la loro facilità » [45].

La risposta di Newton al suo critico evidenzia ancora una volta la polarità delle rispettive posizioni. Hooke aveva negato che si potesse scegliere un'ipotesi in considerazione della sua intrinseca certezza. Newton lo invita a non dare valore a ciò che è incerto. Hooke ritiene che sia inutile moltiplicare le spiegazioni senza necessità; Newton lo esorta ad accettare ciò che è facile, se è certo. In effetti, come si è visto, Newton riteneva di aver compiuto una scoperta filosofica, di aver sollevato un velo sulle operazioni della natura.

Non si può sostenere, tuttavia, che le teorie della luce e dei colori di Hooke e di Newton non avessero niente in comune, nonostante la loro incommensurabilità finale. Entrambe facevano appello a criteri razionali, la cui applicazione però era vincolata a tradizioni intellettuali distinte. E le tradizioni non vengono scelte, esse agiscono. L'effetto prodotto da due tradizioni distinte può essere l'incommensurabiiltà delle teorie che ad esse si rifanno, senza che sia necessario ricorrere a criteri soggettivi o irrazionali per la loro scelta. Le tradizioni modificano anche i criteri ritenuti razionali per la giustificazione di una teoria. Solo nella fase finale della giustificazione le teorie possono divenire incommensurabili: nella fase della scoperta, al contrario, esse sono commensurabili al punto che possono derivare l'una dall'altra, com'è il caso della teoria newtoniana che si è sviluppata da elementi concettuali modificazionistici e meccanicistici. I nuovi criteri di giustificazione si sono sviluppati parallelamente all'emergere della nuova teoria. Per questo la giustificazione di una teoria non è mai indipendente dal processo della sua scoperta, vale a dire i criteri di giustificazione si originano nel contesto che ha condotto all'innovazione teorica. Questi criteri non sono logici (non è possibile dirimere la controversia Hooke-Newton in base ad argomenti formali, anche se questi rappresentano un criterio di giustificazione comunemente accettato), ma metodologici.

Tutto ciò mi sembra chiaramente esemplificato dalla risposta di Newton alle insinuazioni di plagio di Hooke. Newton delimita il contesto (quello cartesiano) da cui la teoria dell'avversario si è sviluppata, indicando anche le principali modificazioni da lui introdotte in base allo studio di nuovi fenomeni (quello delle lamine sottili). E ritiene insoddisfacente non già la teoria di Hooke, ma l'intero contesto da cui ha avuto origine e in cui aveva trovato giustificazione. A sua volta, Hooke, nelle considerazioni sulla *Memoria* del 1672, non riesce a giustificare la teoria di Newton all'interno della propria tradizione di ricerca. Così non può criticare la teoria di Newton se non contrapponendola alla propria (e anche negando, tolte le cose superflue, che potesse contrapporvisi, essendo in fondo la stessa), o inventando altre teorie che salvassero ugualmente i fenomeni. È chiaro che Hooke, all'interno della propria tradizione — la filosofia meccanicistica — sarebbe stato perfettamente in grado di falsificare un numero indeterminato di ipotesi che *non* salvassero i fenomeni. Ma si trovava del tutto impotente di fronte a un'ipotesi che salvava i fenomeni altrettanto quanto la sua, senza rispettare il criterio fondamentale della filosofia meccanicistica di non attribuire alla realtà in sé ciò che poteva essere spiegato in termini di relazioni meccaniche.

Rispondendo a queste considerazioni, Newton reclama per sé il diritto che la giustificazione o il controllo della sua teoria siano condotti secondo le regole della tradizione in cui opera e sui fondamenti in base ai quali ha proposto la sua scoperta: « Ma egli [Hooke] sa bene che non è compito di alcuno prescrivere regole agli studi di un altro, e non lo è specialmente se non si capiscono i fondamenti su cui egli procede »[46].

Newton parla di regole e di fondamenti, cioè di criteri metodologici e di contenuti concettuali. Per la diversità degli uni e degli altri, Hooke e Newton, se osservano un pennello di luce attraversare un prisma, rifrangersi e proiettare sulla parete molteplici colori, vedono cose differenti: impulsi confusi e composti provocati dal mezzo rifrangente su una vibrazione uniforme e regolare; disposizioni dissimili, innate ai raggi, che compongono un aggregato eterogeneo e che vengono soltanto separate dal mezzo rifrangente.

I due diversi modi di ' vedere ' lo stesso fenomeno non sono l'effetto di due organizzazioni percettive e totalizzanti opposte: non nascono da improvvise intuizioni, implicanti spostamenti repentini della connessione delle esperienze.

Si è visto che, sia nella fase della scoperta che in quella successiva, Newton elabora gradualmente, nell'arco di almeno sei anni, i criteri e i risultati della propria ricerca sui colori, abbandonando progressivamente la teoria modificazionistica.

Ora, questo processo è del tutto razionale e, come tale, è virtualmente ricostruibile e analizzabile fin dai momenti iniziali e non solo in quello della giustificazione finale. Fu in seguito alla sua scoperta che Newton giunse a sottrarsi alla giurisdizione della filosofia meccanica, o almeno a quegli aspetti di tale filosofia, come le ipotesi determinanti e i metodi euristici cartesiani, che contrastavano con i fondamenti concettuali sui quali aveva proceduto. Nel contempo, proponendo di considerare la scienza dei colori come una scienza matematica, egli veniva trasformando i criteri di formazione e di giustificazione delle teorie fisiche.

Il punto di vista meccanicistico, che a Hooke sembrava « più naturale », era insomma solo una regola, che poteva essere abbandonata, modificata o ricostituita su altri fondamenti. Newton non appartiene alla generazione dei Bacone, dei Galilei e dei Descartes che avevano combattuto e vinto, ognuno a modo suo, l'aristotelismo scolastico. Egli ha ora di fronte uomini che, come Hooke o Huyghens, pensavano in base all'accettazione dei princìpi e della metodologia della filosofia meccanica. Il motivo « attrattore » che rende compatta e coerente la posizione di Newton è il suo deciso orientamento sostanzialistico, la convinzione che occorra scoprire e determinare la verità delle cose. Il passaggio dal piano fenomenico a quello reale o sostanziale può essere colto, nella sua forma più cruda, proprio nella *Memoria* del 1675, che aveva ancor più inasprito la polemica con Hooke. In questo passo, Newton trasferisce o traduce le proprietà meccaniche (la grandezza o la forza dei raggi) in proprietà reali (le disposizioni colorifiche dei raggi).

Ora quanto alla causa di questi e analoghi colori prodotti dalla rifrazione, i raggi più grossi o più forti devono penetrare la superficie rifrangente più liberamente e facilmente dei più deboli, e così essere meno piegati da essa, cioè, meno rifratti; e ciò è come dire (*which is as much as to say*) che i raggi producenti il rosso sono meno rifrangibili, quelli che producono il blu e il violetto più rifrangibili, e gli altri diversamente rifrangibili secondo il loro colore [47].

L'affermazione che i raggi diversamente colorati erano diversamente rifratti poteva essere considerata, da Newton come da Hooke e dai filosofi meccanici, una constatazione *de facto*. Ma perché i raggi, più o meno rifratti, dovevano essere considerati di per sé rifrangibili? Qual era la giustificazione dell'inferenza: raggio diversamente rifratto, dunque raggio diversamente rifrangibile, ossia dotato di una disposizione *permanente* a rifrangersi? Hooke aveva giudicato questa inferenza non necessaria. Newton la pone a fondamento della sua scoperta. Ma non riuscirà più, in seguito, a liberarsi completamente dalle panie di quella « signora impertinentemente litigiosa » [48], ch'era la filosofia.

# NOTE

*Note all'Introduzione*

[1] La distinzione tra i due termini, un tempo ben viva, tende a cadere: perciò essi saranno d'ora in poi usati promiscuamente.

[2] Cfr. Nickles (a cura di), 1980, e Pera, Pitt (a cura di), 1985.

[3] Hattiangadi, 1980, p. 257.

[4] Cfr. Holton, 1973 e 1978.

[5] Cfr. Nickles (a cura di), 1980, p. 9.

[6] Cit. in Palmerini, M. P. (a cura di), 1984, p. 210.

[7] Pera, 1985.

[8] Cit. in Hanson, 1984, p. 212.

*Note al capitolo I*

[1] « Il mio intento in questo libro non è di spiegare le proprietà della luce mediante ipotesi, ma di proporle e di provarle con la ragione e con gli esperimenti », Newton, 1704, p. 1. Utile il confronto con il testo della prima edizione latina: « In hoc Libro conscribendo, non mihi id institutum fuit, ut positis certis Hypothesibus, notas Luminis Proprietates exinde explicarem; sed ut abditas nec antea observatas eius Proprietates simpliciter proponerem, & propositas Ratione duntaxat Experimentisque comprobarem », Newton, 1706, p. 1. Come si vede la traduzione di S. Clarke è molto più esplicita del testo inglese: la contrapposizione tra spiegazione e prova è più netta; inoltre vengono contrapposte le proprietà note della luce a quelle nascoste e non ancora osservate.

[2] Thackray, 1970, p. 36.

[3] Cfr. *ibid.*: « ... un vantaggio di questo libro, pari forse a quello delle molte scoperte di cui è pieno, è che ci fornisce un eccellente modello di procedimento in filosofia sperimentale ».

[4] Cohen, 1980, è di opinione diversa, giacché ritiene che lo « stile newtoniano », caratterizzato dall'applicazione della matematica « a un sistema o costrutto che è l'analogo matematico di una situazione naturale » (p. 137) non sia presente nell'*Opticks*, per cui essa « non può in alcun senso legittimo essere considerata un trattato matematico » (p. 138). I. Bernard Cohen non precisa che cosa egli intende per « legittimo » trattato matematico. Come si vedrà in seguito, Newton considerava l'Ottica, come la Meccanica, scienze matematiche sul fondamento di un'antica tradizione. In seguito alla sua scoperta sui colori, Newton si convinse che questa scienza matematica — l'Ottica geometrica — era fondata su princìpi fisici non bene stabiliti (MS Add 4002, f. 1; Newton, 1984, pp. 46-47). Di conseguenza, la ricerca sui colori

perfezionava i princìpi di una scienza matematica. Per converso, era legittimo trattare la natura dei colori come se fosse « attinente alla matematica », tanto che Newton afferma: « ... proprio grazie ad essi potrei accingermi ad ampliare un poco i confini della matematica » (MS Add. 4002, f. 23; ivi, pp. 86-7). Si tratta di una delle prime (1670) e più importanti affermazioni metodologiche di Newton, tendenti a sottolineare il valore conoscitivo della matematica in campo fisico, da cui derivò anche, a mio avviso (cfr. Mamiani, 1976, pp. 192-212, 226-34), quello che I. Bernard Cohen chiama lo « stile newtoniano ». La questione se l'*Opticks* sia un « legittimo » trattato matematico è puramente verbale, perché Newton sostenne sempre che la scienza dei colori è propriamente una scienza matematica come qualsiasi altra parte dell'Ottica (cfr. Newton, 1959, I, pp. 187-8). Da un punto di vista storico, che non coincide necessariamente con l'idea attuale di un trattato matematico « legittimo », è quindi assai plausibile l'opinione di Guerlac, 1973, p. 389b, secondo cui l'*Opticks* « difficilmente può essere definita non matematica, anche se per capirla si richiede poco più di una geometria e di una aritmetica semplici. In spirito essa è un esempio altrettanto buono della *mathematical way* di Newton di quanto lo sono i *Principia* ».

5 Cfr. Cohen, 1956, pp. 129 sgg.; Cohen, 1962; Koyré, 1965, pp. 27-57, 291-303; Mamiani, 1976, pp. 54-79.

6 E non solo in Ottica: un recente articolo di Hattiangadi suggerisce che lo stesso interesse di Newton per le cosiddette leggi di Keplero può essere ricondotto al suo rifiuto dell'ipotesi cartesiana dei vortici. Cfr. Hattiangadi, 1980, p. 261.

7 Cfr. Mamiani, 1976, pp. 15-26. Esiste un facsimile del MS Add. 4002, cfr. Whiteside (a cura di), 1973, e un'edizione critica a cura di A. E. Shapiro, Newton, 1984, pp. 46-279.

8 Il modello geometrico qui assunto per descrivere, semplificandolo, un evento fisico, non solo non è un carattere esclusivo dei successivi *Principia* (1687) newtoniani, ma non è neppure caratteristico di Newton, che deve certamente l'assunzione di questi modelli alla tradizione intellettuale rinnovata da Galileo. Ancor più interessante, al proposito, l'aggiunta che compare a questo punto nelle di poco successive *Lectiones Opticae* (MS Dd. 9. 67) « o, se preferisci, immagina (*finge*) che raggi paralleli distino infinitamente poco da OF, e incidano in punti vicinissimi allo stesso OF », cfr. Castiglione (a cura di), 1744. vol. II, p. 77 e Newton, 1984, p. 49, 282. Queste considerazioni di Newton sono molto affini a quelle sui piani inclinati avanzate da Galileo nella prima giornata dei *Dialoghi*.

9 MS Add. 4002, f. 2. Newton, 1984, pp. 48-50.

10 MS Add. 4002, f. 3. Ivi, p. 50. Corsivo aggiunto.

11 Cfr. la nota 1 del presente capitolo.

12 Quest'ultima espressione è stata aggiunta in seguito. Cfr. la nota 8.

13 Descartes, 1964, VI, p. 83. Corsivo aggiunto.

14 Sabra, 1967, p. 19.

15 Cfr. Descartes, 1964, I, pp. 285-6.

16 Ivi, X, p. 412.

17 Sabra, 1967, pp. 19-20.

18 Descartes, 1964, VI, p. 76.

19 Sabra, 1967, p. 19.

20 Descartes, 1964, VIII-1, pp. 100-1.

21 Ivi, VII, pp. 349-50.

22 Coolidge, 1963, pp. 27-8. Avanzo la proposta che Descartes tenda a trasporre l'analisi, intesa come un vero metodo ipotetico, alla fisica, e che il ' metodo degli astronomi ' ne sia una esemplificazione. Cfr. Mamiani, 1983a, p. 50.

[23] Cfr. Guerlac, 1973; Cohen, 1980, p. 15.
[24] Cit. in Descartes, 1983, p. 190.
[25] « Ma io sapevo che le proprietà che ho dichiarato della luce erano in qualche misura suscettibili di essere spiegate non solo con quella [l'ipotesi corpuscolare] ma con molte altre ipotesi meccaniche. E perciò scelsi di abbandonarle tutte... », Newton, 1959, I, p. 174.
[26] Descartes, 1964, II, p. 197.
[27] Ivi, VI, p. 19. Corsivo aggiunto.
[28] Ivi, VI, p. 334.
[29] Ivi, VI, pp. 329-30. Corsivo aggiunto.
[30] Ivi, VI, pp. 330-1.
[31] Ivi, VI, p. 331.
[32] Ivi, VI, p. 335.
[33] Cfr. Hall, 1955. Ma in Hall, 1948, non c'è traccia di riconoscimento delle fonti boyliane del MS Add. 3996.
[34] Boyle aveva elencato sei principali teorie o ipotesi sui colori: peripatetica, platonica, atomistica, kepleriana, chimica, cartesiana. Cfr. Boyle, 1664, pp. 693-4.
[35] Ivi, p. 695.
[36] Ivi, p. 693. Corsivo aggiunto.
[37] Descartes, 1983, p. 53.
[38] Cfr. Descartes, 1964, VI, p. 335: « Non so apprezzare la distinzione dei filosofi quando dicono che vi sono colori veri e altri che sono solo falsi o apparenti. Poiché tutta la loro vera natura consiste nell'apparire, è una contraddizione, mi sembra, affermare che sono falsi e apparenti ».
[39] Ivi, VIII-1, p. 100.
[40] Boyle, 1664, p. 695. Corsivo aggiunto.
[41] Newton, 1959, I, p. 174. Corsivo aggiunto.
[42] Ivi, I, p. 164. Corsivo aggiunto.
[43] Mamiani, 1976, pp. 157-212.
[44] Newton, 1978, p. 91. Corsivo aggiunto.
[45] Boyle, 1664, p. 695.
[46] Ivi, pp. 694-5.
[47] Ivi, p. 697.
[48] Ivi, p. 698. Già Descartes aveva identificato la luce con il bianco e il nero con l'oscurità o l'ombra. Cfr. Descartes, 1964, VI, p. 335.
[49] Boyle, 1664, p. 701.
[50] Ivi, p. 704. Corsivo aggiunto.
[51] *Ibid.*
[52] Ivi, p. 705. Corsivo aggiunto.
[53] Ivi, p. 694.
[54] Ivi, p. 725.
[55] Descartes, 1964, VI, p. 335. Descartes, 1983, p. 475.
[56] Boyle, 1664, p. 727.
[57] Ivi, pp. 695-6. Corsivo aggiunto.
[58] Ivi, p. 690. Corsivo aggiunto.
[59] Ivi, p. 708. Corsivo aggiunto.
[60] Ivi, p. 691.
[61] *Ibid.*
[62] Ivi, p. 693. Corsivo aggiunto.
[63] Ivi, p. 727.
[64] *Ibid.*
[65] Ivi, p. 693.
[66] Ivi, p. 744.
[67] Ivi. p. 737.

[68] *Ibid.*
[69] Ivi, p. 726.
[70] Ivi, pp. 737-8.
[71] Ivi, pp. 726-7.
[72] Boyle, 1965, I, p. 121.
[73] Cfr. il testo relativo alla nota 35 del presente capitolo.
[74] Cfr. nota 35.
[75] Cfr. il testo relativo alla nota 57 del presente capitolo.

## *Note al capitolo II*

[1] Newton, 1983. Le citazioni verranno date con riferimento ai fogli del MS Add. 3996 (University Library, Cambridge), seguito dal numero di pagina corrispondente dell'edizione di McGuire. La grafia « questiones », priva di dittongo, usata da Newton è errata.

[2] Cfr. la voce *Commonplaces* in Chambers, 1727, in cui questi taccuini vengono definiti così: « Una specie di prontuari o magazzini dove depositare le parti più scelte e notevoli degli autori affinché siano pronti e alla mano quando occorre ». Cfr. anche Mamiani, 1983, p. 10.

[3] Cfr. Newton, 1983, p. 6.

[4] Per la datazione delle voci in base alla calligrafia, alle differenze d'inchiostro e di penna, cfr. Newton, 1983, pp. 9-14.

[5] Il rischio non mi sembra evitato da McGuire e Tamny che insistono nel loro commentario su un *Physicalist program* che avrebbe diretto specificamente le ricerche di Newton in campo ottico. Cfr. ivi, p. 241.

[6] Cfr. Newton, 1978, pp. 400-13.

[7] Cfr. Newton, 1983, *Appendix*, pp. 466-89.

[8] Cfr. Whiteside (a cura di), 1973. Newton, 1984.

[9] MS Add. 3996, f. 105$^v$. Newton, 1983, pp. 388-9.

[10] Ivi, p. 228. Shapiro osserva: « Non c'è, tuttavia, nessun fondamento teorico nel trattamento dei colori di Bate, e le note di Newton analogamente restano solo una compilazione di ricette », Newton, 1984, p. 2.

[11] Descartes, 1983, pp. 267-8, 1964, VI, p. 145.

[12] Descartes, 1983, p. 269, 1964, VI, p. 147. Corsivo aggiunto.

[13] MS Add. 3996, f. 100$^v$. Newton, 1983, p. 373.

[14] MS Add. 3996, f. 100$^v$. *Ibid.*

[15] Descartes, 1983, p. 219, 1964, VI, p. 103.

[16] Descartes, 1983, p. 268, 1964, VI, p. 145.

[17] Cfr. *Of vision*, MS Add. 3996, f. 105$^r$ e Descartes, 1983, pp. 264-5, 268, 1964, VI, pp. 141-2, 146.

[18] Newton, 1983, p. 228.

[19] Ivi, p. 229.

[20] Descartes, 1983, p. 254, 1964, VI, p. 131.

[21] *Ibid.*

[22] Newton, 1983, p. 244.

[23] Descartes, 1983, pp. 267-8, 1964, VI, p. 145.

[24] MS Add. 3996, f. 103$^v$. Newton, 1983, pp. 380-3.

[25] Boyle, 1664, pp. 671-2.

[26] Ivi, p. 704.

[27] Ivi, p. 708.

[28] Ivi, p. 705.

[29] Ivi, p. 694.

[30] Ivi, p. 672.

[31] Newton, 1983, pp. 221 sgg.

32 Cfr. MS Add. 3996, f. $105^{r}$, Newton, 1983, pp. 386-7 e Descartes, 1964, VI, pp. 141-2.

33 Cfr. MS Add. 3996, f. $105^{r}$, Newton, 1983, pp. 386-7 e Descartes, 1964, VI, p. 146.

34 MS Add. 3996, f. $105^{v}$. Newton, 1983, pp. 388-9.

35 Boyle, 1664, p. 699.

36 Cfr. il testo relativo alla nota 26 del presente capitolo.

37 Boyle, 1664, pp. 671-2. Descartes, 1964, VI, p. 131.

38 MS Add. 3996, f. $105^{v}$. Newton, 1983, pp. 388-9.

39 Ivi, pp. 244-5.

40 Boyle, 1664, p. 694: « I have not found, that by any *mixture of white and true black* ... there can be a blue, a yellow, or a red, to name no other colours ». MS Add. 3996, f. $105^{v}$: « No colour will arise out of $y^{e}$ *mixture of pure black & white...* ». Corsivi aggiunti. Cfr. anche la nota 53 *infra*.

41 Boyle, 1664, pp. 693-4. Sulla natura *determinata* degli effluvi, che suggerisce a Newton l'idea che i colori possano avere un grado di realtà indipendente dalle modificazioni meccaniche, cfr. anche un riferimento ulteriore a Boyle nel MS Add. 3975, f. 22: « Of $y^{e}$ determinate nature of Effluviums p 26 ».

42 Boyle, 1664, p. 694.

43 MS Add. 3996, f. $105^{v}$. Newton, 1983, pp. 388-9.

44 Boyle, 1664, pp. 699, 705.

45 MS Add. 3996, f. $105^{v}$. Newton, 1983, pp. 388-9.

46 MS Add. 3996, f. $105^{v}$. *Ibid.*

47 MS Add. 3996, f. $105^{v}$. *Ibid.*

48 Boyle, 1664, p. 694. Cfr. anche il testo relativo alla nota 53 del capitolo I.

49 Newton, 1983, p. 247.

50 Boyle, 1664, p. 694: « ... so that whatever be the figure of the little corpuscles, of which the beams of light consist, not only the celerity or slowness of their revolution or rotation, in reference to their progressive motion, *by their more absolute celerity*, their direct or undulating motion, and other accidents, which may attend their appulse to the eye, may fit them to make differing impressions on it ». Poco prima, Boyle aveva attribuito ipoteticamente alle particelle che compongono un raggio di luce un « degree of swiftness ».

51 Ivi, p. 695.

52 Ivi, p. 694.

53 MS Add. 4002, f. 20. Newton, 1984, p. 82. Per una breve delucidazione storica sulle critiche della teoria aristotelica (o attribuita ad Aristotele, giacché è dubbio se la teoria della giustapposizione, esposta nell'opuscolo *De sensu et sensibilibus*, 439b-440b, sia condivisa dall'autore) che farebbe derivare i colori dalla mescolanza del bianco e del nero, cfr. ivi, nota 10, p. 82. Cfr. anche Mamiani, 1976, pp. 46-7. Le critiche più decise alla teoria provenivano dagli artisti (Leon Battista Alberti) e dai cultori di storia naturale (Anselm de Boodt), a cui lo stesso Boyle si era richiamato. È indicativo che l'ambiente dotto, più legato alla tradizione filosofica, non tenga conto di queste critiche, cfr. Charleton, 1654, pp. 191-2. Newton possedeva la *Gemmarum et lapidum historia* di de Boodt, cfr. Harrison, 1978, p. 106.

54 Boyle, 1664, p. 694.

55 È questa l'opinione di McGuire e Tamny, cfr. Newton, 1983, p. 24. La resistenza degli storici di lingua inglese a riconoscere Boyle come una delle fonti più importanti e influenti per lo sviluppo del pensiero di Newton, mi risulta incomprensibile.

[56] Boyle, 1664, p. 694.

[57] *Ibid.*

[58] MS Add. 3996, ff. $122^{r}$-$124^{v}$, ff. $133^{r}$-$135^{r}$. Newton, 1983, pp. 430-43, 453-63.

[59] Cfr. ivi, p. 13.

[60] MS Add. 3996, f. $122^{r}$. Ivi, pp. 432-3.

[61] Cfr. il testo relativo alla nota 56 del presente capitolo.

[62] Cfr. il testo relativo alla nota 30 del presente capitolo.

[63] Descartes, 1964, VI, pp. 131-2.

[64] Nel modello le differenze di moto dei raggi corrispondono a differenze di quantità di luce o a differenze di velocità e non modificano la specie del colore. Cfr. anche MS Add. 3996, punto 5: « If $y^{e}$ particles in a body have not so greate an elastick power as to returne back $y^{e}$ whole motion of a ray, then $y^{t}$ body may be lighter or darker colored according as $y^{e}$ elastick virtues of that bodys parts is more or lesse ». Se ne veda la traduzione nel testo relativo alla nota 93 del presente capitolo.

[65] Boyle, 1664, p. 705.

[66] Ivi, p. 694.

[67] *Ibid.*

[68] Ivi, p. 738. Cfr. Hall, 1955, p. 27; Mamiani, 1976, p. 84.

[69] Newton, 1983, p. 247.

[70] Westfall ritiene che l'esperimento mostri la differenza di rifrangibilità dei raggi colorati. Cfr. Westfall, 1980, p. 159.

[71] Boyle, 1664, p. 738. Boyle si propone di osservare i colori attraverso un prisma colorato. Non possedendone uno, tenta vari accorgimenti con scarsi risultati per sua stessa ammissione.

[72] MS Add. 3996, f. $122^{r}$. Newton, 1983, pp. 432-3.

[73] Boyle, 1664, p. 697.

[74] MS Add. 3975, f. 4. Newton, 1983, p. 469.

[75] MS Add. 3996, f. $122^{v}$. Ivi, pp. 432-5.

[76] Westfall, 1980, p. 159. Newton, 1983, p. 247, in cui tuttavia McGuire e Tamny pongono pa parola ' fact ' tra virgolette. Non è chiaro se ciò indichi che i due studiosi non considerano un fatto l'affermazione di Newton o, com'è il caso, che Newton non intendeva affatto dare alla sua affermazione un significato fattuale.

[77] MS Add. 3996, f. $100^{v}$. Ivi, p. 372-3.

[78] MS Add. 3975, f. 4. Ivi, p. 469.

[79] Cfr. il testo relativo alla nota 47 del presente capitolo.

[80] MS Add. 3975, f. 4. Newton, 1983, pp. 469-70.

[81] Ivi, pp. 250-1.

[82] Sabra, 1967, p. 247.

[83] Newton, 1983, p. 251.

[84] Boyle, 1664, pp. 694-5. Cfr. il testo relativo alla nota 46 del capitolo I.

[85] Cfr. i testi relativi alle note 40 e 41 del capitolo I.

[86] MS Add. 3996, ff. $123^{v}$-$124^{r}$. Newton, 1983, pp. 438-40.

[87] Westfall, 1980, pp. 159-61. Hendry, 1980, pp. 230-51.

[88] Newton, 1983, pp. 249-50.

[89] Cfr. nota 76 del presente capitolo.

[90] MS Add. 3996, f. $122^{v}$. Newton, 1983, pp. 434-5.

[91] MS Add. 3996, f. $122^{v}$. *Ibid.*

[92] Boyle, 1664, p. 704.

[93] MS Add. 3996, f. $123^{r}$. Newton, 1983, pp. 434-5.

[94] MS Add. 3996, f. $123^{r}$. *Ibid.*

[95] Cfr. il testo relativo alla nota 80 del presente capitolo.

[96] Newton, 1983, p. 258.

[97] MS Add. 3996, f. 123$^v$. Ivi, pp. 436-7. Per lo sviluppo successivo di questo modello della massa, cfr. Bechler, 1973, pp. 1-37.

[98] Descartes, 1983, p. 253, 1964, VI, p. 130.

[99] Descartes, 1983, p. 254, 1964, VI, p. 132. Corsivo aggiunto.

[100] Newton, 1983, pp. 221-40.

[101] Boyle, 1664, pp. 671-2.

[102] Ivi, p. 673.

[103] *Ibid.*

[104] MS Add. 3996, f. 105$^r$. Newton, 1983, pp. 386-7.

[105] MS Add. 3996, f. 109$^r$. Ivi, pp. 396-7.

[106] MS Add. 3996, f. 125$^r$. Ivi, pp. 442-3. Newton descriverà analoghi effetti di permanenza delle immagini in una lettera a John Locke del 30 giugno 1691; cfr. Newton, 1959, III, pp. 152-4.

[107] Newton, 1983, p. 250.

[108] MS Add. 3996, f. 123$^v$. Newton, 1983, pp. 438-9.

[109] MS Add. 3996, ff. 123$^v$-124$^r$. Newton, 1983, pp. 438-41.

[110] Cfr. il testo relativo alla nota 91 del presente capitolo.

[111] MS Add. 3975, f. 15. Newton, 1983, p. 482.

[112] Newton, 1959, I, p. 100. Cfr. Mamiani, 1976, pp. 182-4.

[113] Cfr. il testo relativo alla nota 57 del primo capitolo.

[114] Newton, 1704, p. 137. Si vedano le aggiunte autografe, su questa stessa pagina, in (U.L.C.) Adv. b. 39. 3. Tali aggiunte, che compariranno con lievi varianti nelle edizioni seguenti, sono qui evidenziate con il corsivo. Si noti — particolare singolare — che le aggiunte corrispondono grosso modo alle informazioni acquisite nell'esperimento descritto nel MS Add. 3975, mentre il testo a stampa della prima edizione è conforme a quelle del MS Add. 3996. Nella lunga aggiunta finale viene ripreso anche l'esempio del circolo di fuoco del f. 105$^r$ delle *Quaestiones*.

## *Note al capitolo III*

[1] MS Add. 3996, f. 122$^r$. Newton, 1983, pp. 430-1.

[2] MS Add. 3996, f. 124$^v$. Ivi, pp. 440-1. Corsivo aggiunto.

[3] Boyle, 1664, p. 737.

[4] MS Add. 3996, f. 124$^v$. Newton, 1983, pp. 440-1. Corsivo aggiunto.

[5] Newton riferisce di essersi avvalso dell'aiuto di un amico per distinguere con precisione le linee di separazione dei colori dello spettro: « And this I did, partly because my owne eyes are not very criticall in distinguishing colours, partly because another, to whome I had not communicated my thoughts about this matter, could have nothing but his eyes to determin his fancy in makeing those marks », Newton, 1959, I, p. 376.

[6] Newton, 1959, I, p. 92.

[7] MS Add. 3968, f. 85.

[8] Newton, 1959, I, p. 410.

[9] Keynes MS 13.10, f. 2$^v$.

[10] Westfall, 1980, p. 157.

[11] Ivi, nota 50, p. 157.

[12] Cfr. il testo relativo alla nota 70 del capitolo I.

[13] Cfr. il testo relativo alla nota 53 del capitolo I.

[14] Boyle, 1664, p. 735.

[15] Ivi, pp. 741-2.

[16] Newton, 1959, I, pp. 97-8. Questa analogia ha certamente avuto una importante funzione nella genesi dell'idea che il bianco fosse un composto di più colori.

[17] Westfall, 1980, p. 157.

[18] Boyle, 1664, p. 695.

[19] Newton, 1959, I, p. 97. Per inquadrare il passo, omesso nelle *Philosophical Transactions*, cfr. Mamiani, 1976, pp. 166-9.

[20] Cfr. il testo relativo alla nota 40 del capitolo I.

[21] Westfall, 1980, nota 61, p. 163.

[22] Cfr. il testo relativo alla nota 91 del capitolo II.

[23] MS Add. 3975, f. 3. Newton, 1983, p. 469.

[24] MS Add. 3975, f. 4. *Ibid.* Cfr. il testo relativo alla nota 78 del capitolo II.

[25] MS Add. 3975, f. 4. Newton, 1983, pp. 469-70.

[26] Boyle, 1664, p. 727. Cfr. il testo relativo alla nota 64 del capitolo I.

[27] *Ibid.* Cfr. il testo relativo alla nota 63 del capitolo I. Nel MS Add. 4002, f. 45 Newton utilizzerà uno specchio ellittico per compiere un esperimento di composizione della luce bianca, presupponendo chiaramente l'affermazione di Boyle che la riflessione non altera i colori prismatici; cfr. Newton, 1984, pp. 124-5.

[28] Newton, 1978, p. 405.

[29] Newton, 1959, I, p. 100. Corsivo aggiunto.

[30] MS Add. 3996, f. 122$^{v}$, MS 3975, f. 2. Newton, 1983, pp. 434-5, e 467. Cfr. il testo relativo alla nota 90 del capitolo II.

[31] Sull'*experimentum crucis* cfr. Mamiani, 1976, pp. 113-53. Shapiro in Newton, 1984, pp. 13, 29, 31, 96n, 97n, 103n, 136n, 453n.

[32] MS Add. 3975, f. 12. Newton, 1983, p. 478.

[33] Cfr. Mamiani, 1976, pp. 64-7.

[34] MS Add. 3975, f. 12. Newton, 1983, p. 479.

[35] MS Add. 3975, f. 13. Ivi, p. 480. McGuire e Tamny trascrivono erroneamente a fine frase *yellow* per *blew*: il MS infatti mostra un'evidente correzione dell'originario *yellow*.

[36] Newton, 1959, I, p. 98.

[37] Ivi, I, p. 370. Corsivo aggiunto.

[38] Ivi, I, p. 386.

[39] *Ibid.*; cfr. anche la nota 23 a p. 389.

[40] Ivi, I, p. 370.

[41] Newton, 1704, p. 48.

[42] Cfr. il testo relativo alla nota 114 del capitolo II.

[43] Cfr. Bechler, 1973, pp. 6-9.

[44] MS Add. 3975, f. 14. Newton, 1983, p. 481.

[45] Cfr. Newton, 1975, p. 404.

[46] « And these Phaenomena of Gold & Lignum Nephriticum are *represented* by y$^{e}$ Prisme [...] », MS Add. 3975, f. 1; Newton, 1983, p. 466.

[47] Newton, 1959, I, p. 97. Questo passo non comparirà nelle *Philosophical Transactions*.

[48] Ivi, I, Hooke to Oldenburg, 15 February 1671/2, p. 110.

[49] Cfr. la nota 1 del capitolo I.

[50] Newton, 1959, I, pp. 187-8.

[51] Cfr. i testi relativi alle note 40 e 41 del capitolo I.

[52] Si tratta dell'ipotesi, già esposta in forma conciliatoria a Hooke nel 1672 (Newton, 1959, I, p. 174), che la luce sia composta di corpuscoli che eccitano vibrazioni nell'etere, come i sassi nell'acqua.

[53] Ivi, I, p. 363. Cfr. anche il testo relativo alla nota 41 del capitolo I.

[54] Cfr. Mamiani, 1976, pp. 27-8, 64-5.

[55] Cfr. *Scholium generale* in Newton, 1972, p. 764: « In hac philosophia propositiones deducuntur ex phaenomenis, & redduntur generales per inductionem ».

[56] Cfr. Mamiani, 1976, pp. 157-239.

[57] Newton, 1959, I, p. 92.

[58] Descartes, 1964, VI, pp. 622-34.

[59] MS Add. 4002, ff. 1-2. Newton, 1984, p. 48. Corsivo aggiunto.

[60] La tavola degli indici di rifrazione calcolati da Newton è riportata anche in Newton, 1959, I, p. 103.

[61] MS Add. 4002, ff. 56-7. Newton, 1984, pp. 142-4. Corsivo aggiunto.

[62] Cfr. il testo relativo alle note 58 e 59 del capitolo I.

[63] Newton, 1978, p. 413.

[64] Cfr. il testo relativo alla nota 90 del capitolo II.

[65] MS Add. 3975, f. 2. Newton, 1983, p. 468. Corsivo aggiunto.

[66] MS Add. 3975, ff. 2-3. Ivi, pp. 468-9.

[67] Newton, 1959, I, p. 187.

[68] *Ibid.* Corsivo aggiunto.

[69] MS Add. 4002, f. 1. Newton, 1984, p. 46. Corsivo aggiunto.

[70] Newton, 1959, I, pp. 82-3. Il « resoconto » sarà la *Memoria* del 6 febbraio 1672.

[71] MS Add. 4002, ff. 1-2. Newton, 1984, pp. 46-8.

[72] MS Add. 4002, f. 23. Ivi, pp. 86-8.

[73] Cfr. Mamiani, 1976, pp. 225-30.

*Note al capitolo IV*

[1] Cfr. il testo relativo alla nota 50 del capitolo III.

[2] Cfr. Mamiani, 1976, pp. 18-25.

[3] Newton, 1959, I, p. 161. Per le controversie sulla *Memoria* del 1672 cfr. anche Bechler, 1974.

[4] Newton, 1959, I, p. 142.

[5] Ivi, I, p. 158.

[6] Ivi, I, p. 264.

[7] Ivi, I, p. 209. Corsivo aggiunto.

[8] Ivi, I, p. 264.

[9] Ivi, I, p. 164.

[10] MS Add. 4002, f. 23. Newton, 1984, pp. 86-8. Corsivo aggiunto.

[11] Newton, 1959, I, p. 173.

[12] Ivi, I, p. 106: « Now in this place my design being to touch upon the notion of the Peripateticks, I took not body in opposition to motion ... but in opposition to a Peripatetick quality, stating the question between the Peripateticks and Mechanick Philosophy by inquiring whether light be a quality or body. Which that it was my meaning may appear by my joyning this question with others hitherto disputed between the two Philosophies; and using in respect of one side the Peripatetick terms *Quality, Subject, Substance, Sensible qualities*; in respect of the other the Mechanick ones *Body, Modes, Actions*; and leaving undetermined the kinds of those actions (suppose whether they be pressions, strokes, or other dashings) by which light may produce in our minds the phantasms of colours ». Questa precisazione di Newton elude il problema reale: se ' corpo ' veniva inteso in opposizione a ' qualità ', tuttavia era anche in opposizione a ' moto ', così come era inteso nelle teorie modificazionistiche. Il metodo della generalizzazione, a cui Newton chiaramente allude alla fine della sua nota, sospendeva, in effetti, solo le spiegazioni meccanicistiche (le pressioni, i colpi ecc.) ma la-

sciava emergere il concetto di ' corpo ' come ' sostanza '. L'uso della terminologia non era affatto neutro, come Newton vuol far credere.

[13] Su questa parola sospensiva Newton baserà la propria difesa nella risposta a Hooke, cfr. Newton, 1959, I, p. 173.

[14] Ivi, I, p. 160.

[15] Ivi, I, p. 106.

[16] *Ibid.*: « [...] I have in other places of these letters, attributed them to the rays rather than to bodies, calling the rays from their effect on the sense, red, yellow, &c. whereas they might be more properly called rubriform, flaviform, &c. ».

[17] MS Add. 4002, f. 56. Newton, 1984, p. 142: « [...] inhaerentes dispositiones vel formae radiorum [...] dictae dispositiones sunt insitae radijs ab eorum origine, atque ijs, ut dicam, connatae [...] ».

[18] MS Add. 4002, ff. 22-3. Ivi, p. 86. Il corsivo corrisponde a una parola evidenziata nel MS.

[19] Newton, 1958, I, p. 141: « Mihi vero albus, niger et omnes intermedij fusci, qui ab albo et nigro permistis componi possunt, non specie coloris sed quantitate lucis tantum differre videntur ». Si è visto quanta importanza ha avuto, nel contesto della scoperta, questa affermazione. La contrapposizione tra ' specie ' e ' quantità ' di luce corrisponde a quella tra ' corpo ' e ' moto ', nonostante la precisazione di Newton in contrario, contenuta nella nota citata della *Memoria* del 1672: cfr. la nota 12 del presente capitolo.

[20] Dobbs, 1975, p. 222.

[21] *Ibid.*

[22] Newton, 1978, p. 405.

[23] MS Add. 3975, f. 1 e f. 6. Newton, 1983, pp. 466 e 471.

[24] Cfr. Centore, 1970, p. 77.

[25] Newton, 1978, p. 405.

[26] MS Add. 3996, f. 14v. Newton, 1983, pp. 360-1.

[27] Newton, 1978, p. 403.

Il seguente diagramma illustra la teoria dei colori di Hooke.

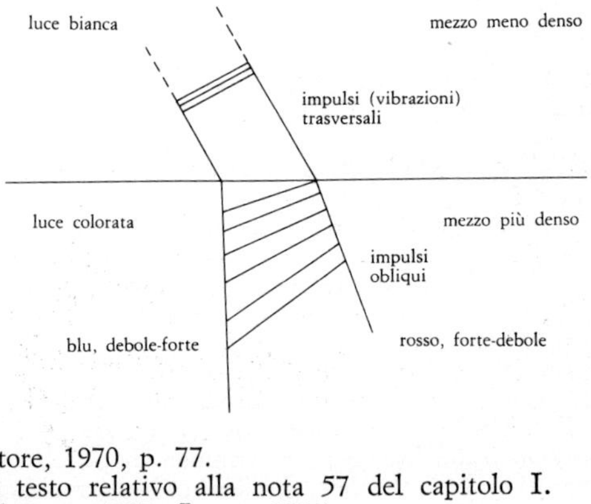


Cfr. Centore, 1970, p. 77.

[28] Cfr. il testo relativo alla nota 57 del capitolo I.

[29] Cfr. Newton, 1959, I, pp. 390-1.

[30] Ivi, I, p. 391.

[31] *Ibid.*

[32] Ivi, I, p. 406.

[33] Ivi, I, p. 407.

[34] Hooke aveva avuto una disputa l'anno precedente con Oldenburg sull'invenzione degli orologi da tasca; cfr. ivi, I, p. 413.

[35] Ivi, I, p. 405.

[36] *Ibid.*

[37] Ivi, I, p. 406.

[38] Ivi, I, p. 111.

[39] *Ibid.* Corsivo aggiunto.

[40] Ivi, I, p. 110.

[41] *Ibid.*

[42] Ivi, I, pp. 110-1.

[43] Ivi, I, p. 113. Corsivo aggiunto.

[44] Cfr. il testo relativo alla nota 11 del capitolo I.

[45] Newton, 1959, I, p. 171.

[46] Ivi, I, p. 172.

[47] Ivi, I, p. 377.

[48] Ivi, II, Newton to Halley, 20 June 1686, p. 437. Il passo, manifestamente ironico, è diretto contro Hooke in un contesto differente da quello ottico. La ' signora litigiosa ' è la filosofia naturale, cioè la fisica nella sua tradizione filosofica.

# APPENDICE
## Schema logico-cronologico dello sviluppo della teoria newtoniana dei colori

1664/5. Newton legge la *Dioptrique* e le *Météores* di Descartes, e gli *Experiments and Considerations Touching Colours* [...] *as the Beginning of an Experimental History of Colours* di Boyle.

Prima voce *Of Colours* delle *Quaestiones*.

1. Modello esplicativo ipotetico-meccanicistico per l'illusione percettiva di profondità dei colori chiari e scuri fondato sulla forza o sulla quantità di moto della luce riflessa.
2. Negazione della teoria dei colori intesi come mescolanza di luce e ombra, ossia come quantità maggiore o minore di luce riflessa, in seguito alla constatazione fattuale che nessun colore nasce dalla mescolanza del bianco e del nero.

2.1. Parziale abbandono del modello 1.

Seconda voce *Of colours* (probabile continuazione della precedente) delle *Quaestiones*.

3. Esperimento delle due superficie riflettenti diversamente colorate osservate attraverso un prisma.
4. Assunto fisiologico: la percezione del colore dipende dal moto uniforme (colori) o vario (bianchi, grigi, neri) del nervo ottico prodotto dai *globuli* di luce.
5. Assunto fisico: i raggi colorati hanno differenze determinate di velocità che producono corrispondenti differenze di rifrazione. La velocità non è associata ai raggi, ma la percezione del colore è associata a velocità date.
6. Interpretazione dell'esperimento 3 in base agli assunti 4 e 5.

6.1. Esperimento su un filo bicolore, rosso e blu, osservato attraverso il prisma (rifrazione della luce riflessa) e inteso come conferma dell'assunto 5.

6.2. Modelli esplicativi dei colori riflessi dai corpi e della loro diversa luminosità (ripresa del modello 1).

6.3. Eperimenti fisiologici di pressione sul fondo dell'occhio intesi come conferma dell'assunto 4.

7. Esperimenti di mescolanza tra colori prismatici e non (annotati e non rifatti) con alcune previsioni erronee (in particolare, che il blu prismatico cadendo sul rosso produca il verde).
7.1. Previsione che il bianco possa essere prodotto dalla mescolanza per sovrapposizione di due iridi prismatiche, come conferma dell'interpretazione 6.

1665/6. Newton legge la *Micrographia* di Hooke e annota le osservazioni sulla causa dell'opacità dei corpi.

Ricerche matematiche sulla rifrazione e sulla molatura delle lenti non sferiche (MS Add. 4000).

Trattatello *Of Colours* del MS Add. 3975.

8. Esperimento, simmetrico al 6.1, di proiezione dei colori prismatici su superficie colorate rosse e blu (riflessione della luce rifratta).
8.1. Rifiuto della teoria modificazionistica dei colori.
8.2. Esperimenti di rifrazione della luce rifratta — come conferma dei risultati degli esperimenti di 6.1 e 8 — che costituiranno il modello dell'*experimentum crucis*.
9. Esperimento di composizione della luce bianca mediante la sovrapposizione di tre spettri.
10. Interpretazione fisico-matematica della forma oblunga dello spettro ottenuto per rifrazione della luce attraverso il prisma.

1670/72. MS Add. 4002 (*Lectiones Opticae*).

11. Corrispondenza biunivoca tra grado di rifrangibilità e colore.
11.1. Proposta che la scienza dei colori diventi matematica con princìpi fisici.

# Riferimenti bibliografici *


Bechler, Zev

1973 *Newton's Search for a Mechanistic Model of Colour dispersion: a Suggested Interpretation*, in « Archive for the History of Exact Sciences », 11, pp. 1-37.

1974 *Newton's 1672 optical controversies: a study in the grammar of scientific dissent*, in Elkana (a cura di), 1974, pp. 115-142.

Boyle, Robert

1664 *Experiments and Considerations Touching Colours* [...] *as the Beginning of an Experimental History of Colours* in Boyle, 1965.

1965 *The Works*, a cura di T. Birch, vol. I, Hildesheim.

Castiglione, Giovanni [Giovanni Francesco Salvemini] (a cura di)

1774 *Isaaci Newtoni* [...] *Opuscola Mathematica, Philosophica et Philologica*, voll. 3, Lausanne & Genevae.

Centore, F. F.

1970 *Robert Hooke's Contributions to Mechanics. A Study in Seventeenth Century Natural Philosophy*, The Hague.

Chambers, Ephraim

1727 *Cyclopaedia*, voll. 2, London.

Charleton, Walter

1654 *Physiologia Epicuro-Gassendo-Charltoniana: Or a Fabrick of Science Natural, upon the Hypothesis of Atoms, Founded by Epicurus, repaired by Petrus Gassendus, Augmented by Walter Charleton*, London.

Cohen, I. Bernard

1956 *Franklin and Newton, An Inquiry into Speculative New-*


* Sono segnalate unicamente le pubblicazioni citate nel testo. Per una bibliografia completa su Newton e la letteratura newtoniana, cfr., fino al 1975, P. e R. Wallis, *Newton and Newtoniana: 1672-1975: a bibliography*, Folkestone 1977. Per gli anni successivi si veda la bibliografia indicata in Westfall, 1980, e Newton, 1984.

*tonian Experimental Science and Franklin's Work in Electricity as an Example thereof*, Philadelphia.
1962 *The first English Version of Newton's Hypotheses non fingo*, in « Isis », LII, pp. 379-88.
1980 *The Newtonian Revolution. With illustrations of the transformation of scientific ideas*, Cambridge; trad. it. di L. Sosio, *La rivoluzione newtoniana. Con illustrazioni della trasformazione di idee scientifiche*, Milano 1982.

Coolidge, Julian Lowell
1963 *A History of Geometrical Methods*, New York.

Descartes, René
1964 sgg. *Oeuvres*, a cura di Ch. Adam e P. Tannery, voll. 12, Paris.
1983 *Opere scientifiche*, a cura di E. Lojacono, vol. II, Torino.
1983a *Il mondo ovvero trattato della luce e l'uomo*, a cura di M. Mamiani, trad. di A. L. Merlani, Roma.

Dobbs, Betty Jo
1975 *The Foundations of Newton's Alchemy or The Hunting of the Greene Lyon*, Cambridge.

Elkana, Yehuda (a cura di)
1974 *The Interactions Between Philosophy and Science*, New York.

Guerlac, Henry
1973 *Newton and the Method of Analysis*, in Wiener (a cura di), 1973, vol. III, pp. 378-91.

Hall, A. Rupert
1948 *Sir Isaac Newton's Note-book, 1661-65*, in « The Cambridge Historical Journal », IX, pp. 239-50.
1955 *Further Optical Experiments of Isaac Newton* in « Annals of Science », II, pp. 27-43.

Hanson, Norwood Russell
1958 *Patterns of Discovery. An Inquiry into the Conceptual Foundations of Science*, Cambridge; trad. it. di L. Sosio, *I modelli della scoperta scientifica. Ricerca sui fondamenti concettuali della scienza*, Milano 1978.

Harrison, John
1978 *The Library of Isaac Newton*, Cambridge.

Hattiangadi, Jagdish
1980 *The Vanishing Context of Discovery: Newton's Discovery of Gravity*, in Nickles (a cura di), 1980, pp. 257-65.

Hendry, John
1980 *Newton's Theory of Colour*, in « Centaurus », 23, pp. 230-51.

Holton, Gerald
1973 *Thematic Origins of Scientific Thought: Kepler to Einstein*, Cambridge Mass.; trad. it. parziale di R. Maiocchi e M. Mamiani, *L'immaginazione scientifica. I temi del pensiero scientifico*, Torino 1983.
1978 *The Scientific Imagination: case studies*, Cambridge; trad. it. parziale come in Holton 1973.

Koyré, Alexandre
1965 *Newtonian Studies*, Cambridge Mass.; trad. it. di P. Galluzzi, *Studi newtoniani*, Torino, 1972.

Mamiani, Maurizio
1976 *Isaac Newton filosofo della natura. Le lezioni giovanili di ottica e la genesi del metodo newtoniano*, Firenze.
1983 *La mappa del sapere. La classificazione delle scienze nella Cyclopaedia di E. Chambers*, Milano.
1983a *Antecedenti e temi dell'ipotesi cosmogonica di I. Kant*, in « Nuova civiltà delle macchine », 4, pp. 49a-55b.

Newton, Isaac
1704 *Opticks: Or, a Treatise of the Reflexions, Refractions, Inflexions and Colours of Light. Also Two Treatises of the Species and Magnitude of Curvilinear Figures*, London.
1706 *Optice: sive De reflexionibus, refractionibus, inflexionibus & coloribus lucis libri III. Latine reddidit S. Clarke Accedunt Tractatus duo ejusdem authoris de speciebus & magnitudine figurarum curvilinearum, Latine scripti*, Londini.
1959 sgg. *The Correspondence of Isaac Newton*, a cura di H. W. Turnbull, J. F. Scott, A. Rupert Hall, L. Tilling, voll. 7, Cambridge.
1972 *Philosophiae Naturalis Principia Mathematica*, The third edition (1726) with variant readings, a cura di A. Koyré, I. Bernard Cohen, A. Whitman, voll. 2, Cambridge.
1978 *Unpublished Scientific Papers of Isaac Newton. A Selection from the Portsmouth Collection in the University Library*, a cura di A. Rupert Hall e M. Boas Hall, Cambridge.
1983 *Certain Philosophical Questions. Newton's Trinity Notebook*, a cura di J. E. McGuire e M. Tamny, Cambridge.
1984 *The Optical Papers*, a cura di A. E. Shapiro, vol. I, Cambridge.

Nickles, Thomas (a cura di)
1980 *Scientific Discovery, Logic and Rationality*, Dordrecht, Boston, London.

Palmerini, M. P. (a cura di)
1984 *Livelli di realtà*, Milano.

Pera, Marcello e Pitt, Joseph (a cura di)
1985 *I modi del progresso. Teorie e episodi della razionalità scientifica*, Milano.

Pera, Marcello
1985 *Per un « Novum organon reformatum ». La scoperta dell'elettricità animale*, in Pera, Pitt (a cura di), 1985, pp. 160-88.

Sabra, A. I.
1967 *Theories of Light from Descartes to Newton*, London.

Thackray, Arnold
1970 *Atoms and Powers. An Essay on Newtonian Matter Theory and the Development of Chemistry*, Cambridge Mass.; trad. it. di D. Panzieri, *Atomi e forze. Studio sulla teoria della materia in Newton*, Bologna 1981.

Westfall, Richard
1980 *Never at Rest. A Biography of Isaac Newton*, Cambridge.

Whiteside, Derek T. (a cura di)
1973 *The Unpublished First Version of Isaac Newton's Cambridge Lectures on Optics, 1670-72*, Cambridge.

Wiener, Philip (a cura di)
1973 *Dictionary of the History of Ideas, Studies of Pivotal Ideas*, voll. 4, New York.

# INDICI

# Indice dei nomi

# Indice del volume